Fritz Haber

Die Chemie im Kriege

„Der menschliche Körper mit seinen 2 qm Oberfläche stellte eine Zielscheibe dar, die gegen den Eisenstrudel von Maschinengewehr und Feldkanone nicht mehr unbeschädigt an die verteidigte Stellung heranzubringen war. … Es war eine Sache der naturwissenschaftlichen Phantasie, diesen Zustand vorauszusehen und auf die Abhilfe zu verfallen, die der Stand der Technik möglich machte. Diese Abhilfe ist der Gaskrieg."

„Die Gaskampfmittel sind ganz und gar nicht grausamer als die fliegenden Eisenteile; im Gegenteil, der Bruchteil der tödlichen Gaserkrankungen ist vergleichsweise kleiner, die Verstümmelungen fehlen…"

„Die Mißbilligung, die der Ritter für den Mann mit der Feuerwaffe hatte, wiederholt sich bei dem Soldaten, der mit Stahlgeschossen schießt, gegenüber dem Mann, der ihm mit chemischen Kampfstoffen gegenübertritt."

Fritz Haber im Reichswehrministerium (1920)

Die ersten Wolkenschatten fielen auf diese strahlende Welt, als die Geologie daran ging, ein Inventar der Rohstoffe in der Erdrinde aufzunehmen, Verbrauch und Vorrat zu vergleichen, und der Zweifel kam, ob die Erde unserem Zugriff die bereiten Schätze für den jährlich steigenden Massenverbrauch auch ständig darbieten würde. Dem steigenden Massenverbrauch aber war nicht Einhalt zu tun, weil die Lebenserleichterung, mit der die technische Leistung zuerst beglückte, zum Lebensanspruch wurde, zur Forderung, die jeder erhob, und die in der Welt des sozialen Friedens jedem zuerkannt und erfüllt werden mußte. Die Erkenntnis dämmerte, daß das goldene Zeitalter nicht ewig dauern würde… Die Rohstoffrage wuchs als ein Dornengestrüpp im Garten der Wirtschaft empor, , das unsere Schritte schmerzhaft zu hemmen drohte…

Fritz Haber in der Akademie der Wissenschaften (1921)

Über dieses Buch

Unmittelbar nach dem Ersten Weltkrieg erhielt Fritz Haber den Chemie-Nobelpreis für das von ihm mit Carl Bosch entwickelte Verfahren zur Ammoniaksynthese, das die industrielle Produktion von Kunstdünger ermöglichte, aber auch die Voraussetzung war für die Herstellung von Sprengstoff ohne natürlichen Salpeter, von dessen Einfuhr Deutschland im Krieg abgeschnitten war. Dieser „dual use“ und auch die Tatsache, dass Haber chemische Waffen für das deutsche Militär entwickelt hatte, die 1915 erstmals zum Einsatz kamen, standen der 1919 verkündeten Auszeichnung durch das Nobel-Komitee nicht im Weg.

Allerdings gab es eine große öffentliche Diskussion. Haber rechtfertigte seine wissenschaftliche Arbeit und deren Nutzung durch Militär und Industrie in allgemein verständlich gehaltenen Vorträgen, die 1924 als kleines Buch erschienen. Nur wenige Exemplare sind in wissenschaftlichen Bibliotheken erhalten. Nach fast hundert Jahren liegen diese Vorträge mit dieser Ausgabe wieder gedruckt vor.

Haber wird noch heute oft zitiert, aber seine Argumentation wird erst deutlich, wenn man die Zitate in ihrem Zusammenhang liest. Dadurch wirkt ihre kalte Rationalität keineswegs weniger erschreckend. Vielmehr drängen sich Parallelen auf zu aktuellen Debatten über technischen Fortschritt und die Nutzung wissenschaftlicher Erkenntnisse z. B. für die Ernährung der Weltbevölkerung durch Gentechnik oder die militärische und zivile Nutzung von Drohnen, Atomenergie, Satelliten oder Internet.

FSC
www.fsc.org
MIX
Papier aus verantwortungsvollen Quellen
Paper from responsible sources
FSC® C105338

Fritz Haber

Die Chemie im Kriege

Fünf Vorträge
(1920 – 1923)
über
Giftgas, Sprengstoff und Kunstdünger
im
Ersten Weltkrieg

Comino Verlag

Die Originalausgabe erschien 1924 im Verlag von Julius Springer in Berlin unter dem Titel
„Fünf Vorträge aus den Jahren 1920–1923
Über die Darstellung des Ammoniaks aus Stickstoff und Wasserstoff
Die Chemie im Kriege
Das Zeitalter der Chemie
Neue Arbeitsweisen
Zur Geschichte des Gaskrieges“

Ungekürzte Ausgabe

Umschlag unter Verwendung der Fotografie
“Early Type of Navy Mask”
(United States Department of War,
Chemical Warfare Service, 1918)

comino-verlag.de
info@comino-verlag .de

ISBN 978-3-945831-26-7

Editorische Notiz

Der Text dieser Ausgabe entspricht der Ausgabe von 1924, auch hinsichtlich Rechtschreibung, Interpunktion und Schreibweise von Fachbegriffen.

Auch heute antiquiert erscheinende Ausdrücke blieben erhalten. Die Fußnoten entstammen dem Original, bis auf die mit eckigen Klammern [...] gekennzeichneten. Offensichtliche Druckfehler wurden stillschweigend korrigiert.

RICHARD WILLSTÄTTER

GEWIDMET

Vorrede.

Die folgende kleine Schrift gibt einige Vorträge wieder, die ich in den letzten Jahren über chemische Gegenstände vor Nichtchemikern gehalten habe. Der Leser wird den Hörerkreis und die Zeitumstände nach den Angaben sich vorstellen, die am Kopfe jedes Vortrages gemacht sind und in diesen Ausführungen einen Beitrag zum Bilde der Zeit und zu den Auffassungen der Menschen in unserem Lande erblicken.

Ich habe geschwankt, ob ich die Ausführungen aufnehmen soll, die ich vor dem völkerrechtlichen Ausschusse des Reichstages zur Geschichte das Gaskrieges vorgetragen habe. Die einzige bei der internationalen Konferenz im Haag 1907 für den Gaskrieg getroffene Bestimmung war so eng und schief in ihrer Fassung, daß es wahrlich bei ruhiger Überlegung nicht der Vertiefung in ihre Rechtsbedeutung und Beachtung im Kriege verlohnt. Aber es ist so viel Erregung in der Welt um diese Fragen entstanden, daß ich den Versuch nicht unterlassen will, zur Rückführung der Dinge auf ihren sachlichen Kern beizutragen.

Die Grundauffassung, die in diesen Vorträgen je nach dem Gegenstande mehr oder weniger in den Vordergrund tritt, ist die Überzeugung, daß nur der naturwissenschaftliche Fortschritt die im Weltkriege zerstörten Güter zurückbringt.

Berlin, im November 1923. Fritz Haber.

Inhalt

Über die Darstellung des Ammoniaks aus Stickstoff und Wasserstoff.

Vortrag, gehalten beim Empfang des Nobelpreises in Stockholm am 2. Juni 1920.

Die schwedische Akademie hat die Darstellung des Ammoniaks aus Stickstoff und Wasserstoff der Ehrung durch Zuerkennung des Nobelpreises wert gefunden. Diese außerordentliche Auszeichnung legt mir die Pflicht auf, die Stellung zu kennzeichnen, die die Reaktion im Rahmen des Faches einnimmt und den Weg zu schildern, der zu ihr geführt hat.

Es handelt sich um einen chemischen Vorgang der einfachsten Art. Gasförmiger Stickstoff bildet mit gasförmigem Wasserstoff nach einfachen Mengenverhältnissen gasförmiges Ammoniak. Die drei beteiligten Stoffe sind seit mehr als einem Jahrhundert dem Chemiker wohlbekannt. Jeder von ihnen ist in der zweiten Hälfte des vergangenen Jahrhunderts, in der uns ein Strom neuer chemischer Kenntnisse zufloß, hundertfältig in seinem Verhalten unter den verschiedensten Bedingungen studiert worden. Wenn es dennoch bis in unser Jahrhundert gedauert hat, ehe die Darstellung des Ammoniaks aus den Elementen gefunden wurde, so ist der Grund, daß ungewöhnliche Arbeitshilfsmittel benutzt und enge Bedingungen innegehalten werden müssen, wenn es gelingen soll, Stickstoff und Wasserstoff in erheblichem Maße zum freiwilligen Zusammentritt zu bringen, und daß eine Verbindung experimenteller Erfolge mit thermodynamischen Überlegungen erforderlich war. Von besonderem Einfluß war, daß es früheren Bearbeitern der Frage nicht gelang, auch nur spurenweise freiwillige Vereinigung des Stickstoffs mit dem Wasserstoff zu Ammoniak mit Sicherheit nachzuweisen[1]. Dadurch entstand das Vorurteil, daß die Darstellung unmöglich sei und gewann eine große Stärke in der allgemeinen Meinung des Faches. Ein solches Vorurteil läßt verborgene Hindernisse erwarten, die stärker als klar erkannte Schwierigkeiten von der Vertiefung in den Gegenstand abschrecken.

Das Interesse der näheren Fachgenossen an der Ammoniakdarstellung aus den Elementen gründet sich darauf, daß ein einfaches Resultat mit ungewohnten Hilfsmitteln erreicht worden ist. Das Interesse eines weiteren Kreises hat seine Quelle darin, daß die Ammoniaksynthese aus den Elementen ins Große übertragen einen nützlichen, ja vielleicht im Augenblicke den nützlichsten Weg darstellt, um ein wichtiges volkswirtschaftliches Bedürfnis zu befriedigen. Dieser praktische Nutzen war nicht das vorgesteckte Ziel meiner Versuche. Ich war nicht im Zweifel, daß meine Laboratoriumsarbeit nicht mehr liefern konnte als eine wissenschaftliche Feststellung der Grundlagen und eine Kennzeichnung der experimentellen Hilfsmittel und daß zu diesem Ergebnis vieles hinzukommen mußte, um ein wirtschaftliches Gelingen im industriellen Maße zu sichern. Aber

---

1 Die Angaben über angebliche Ammoniakbildung aus älterer Zeit kennzeichnet das „Ausführliche Lehrbuch der anorganischen Chemie“ von Graham-Otto, V. Auflage, Bd. II, 2. Abtlg. Braunschweig 1881, S. 79–80 in einem Abschnitt, der mit dem Satze beginnt: „Mengt man Wasserstoffgas und Stickgas in dem Verhältnis, in welchem sie im Ammoniak enthalten sind, so erfolgt keine Vereinigung durch Druck, Wärme oder durch die Vermittlung von Platinschwamm.“ Eingehendere Mitteilungen, insbesondere aus der späteren Literatur, findet man in Gmelin-Krauts „Handbuch der anorganischen Chemie“, VII. Aufl., Bd. I, Abt. 1, Heidelberg 1907 und in der Monographie von Wilhelm Moldenhauer „Die Reaktionen des freien Stickstoffs“, Berlin 1920.

ich würde auf der anderen Seite diesen Gegenstand schwerlich so eingehend studiert haben, wenn ich nicht von der volkswirtschaftlichen Notwendigkeit eines chemischen Fortschrittes auf diesem Gebiete überzeugt und von dem Fichteschen Gedanken erfüllt gewesen wäre, daß der nächste Zweck der Wissenschaft in ihrer eigenen Entwicklung, der Endzweck aber in dem gestaltenden Einflusse gelegen ist, den sie zu rechter Zeit auf das allgemeine Leben und die ganze menschliche Ordnung der Dinge übt.

Seit der Mitte des vorigen Jahrhunderts hat sich die Erkenntnis Bahn gebrochen, daß die Zufuhr des Stickstoffs eine Grundbedingung für die Entwicklung der Nährpflanze ist, daß aber die Pflanze den elementaren Stickstoff, der den Hauptbestandteil der Atmosphäre bildet, nicht aufzunehmen vermag, sondern den Stickstoff an Sauerstoff gebunden als Salpeterstickstoff verlangt, um ihn zu assimilieren. Für die Bindung an Sauerstoff kann die Bindung an Wasserstoff, die Ammoniakbindung, eintreten, weil der Ammoniakstickstoff im Boden in Salpeterstickstoff übergeht. Im Naturzustand geht der gebundene Stickstoff dem Boden nicht verloren. Die grünen Pflanzen verwerten ihn zum Aufbau komplizierter Bestandteile, ohne ihn in elementaren Stickstoff zu verwandeln. Tier und Mensch nehmen ihn mit der Pflanze auf und geben ihn in gebundener Form mit ihren Ausscheidungen und schließlich mit ihrem toten Körper dem Boden wieder zurück. Fäulnis und Verbrennung zerstören Anteile von gebundenem Stickstoff, aber die Natur deckt den Verlust, indem sie auf der Bahn des Blitzes Stickstoff-Sauerstoffverbindungen in den hohen Schichten der Atmosphäre entstehen läßt, die der Regen herniederwäscht. Zu dieser stickstoffbindenden Wirkung der elektrischen Entladung fügt sie als Quelle gebundenen Stickstoffs die Tätigkeit von Bakterien im Boden, die teils frei leben, teils sich an den

Wurzelknöllchen mancher Pflanzen ansiedeln und freien Stickstoff in gebundenen überführen.

Die Agrarwirtschaft läßt das Gleichgewicht an gebundenem Stickstoff im wesentlichen bestehen. Mit dem Übergang zum Industriestaat aber beginnt die Verschleppung der Bodenerzeugnisse vom Wachstumsort der Nährpflanzen zu entlegenen Verbrauchsstätten, von denen der gebundene Stickstoff nicht wieder auf den Mutterboden zurückkehrt, dem er entnommen ist. Aus dieser Verschleppung entsteht das weltwirtschaftliche Bedürfnis nach Zufuhr gebundenen Stickstoffs zum Boden. Es wird durch die nationalwirtschaftlichen Rücksichten gesteigert, die mit der dichteren Besiedelung in den Industriestaaten die Forderung entstehen lassen, den heimatlichen Acker zu gesteigerter Fruchtbarkeit zu bringen, und es wird weiter dadurch vermehrt, daß die emporwachsende Industrie für viele eigene chemische Zwecke gebundenen Stickstoff in Anspruch nimmt. Der Stickstoffbedarf kennzeichnet, wie der Bedarf an Kohle, den Abstand, der unsere Lebensform von der des Menschen trennt, der „selbst den Boden düngt, den er bebaut".

Der Landwirtschaft, die immer der Hauptverbraucher ist, wird mit der Stickstoffzufuhr allein nicht Genüge getan. Kali und Phosphorsäure sind ihr gleich unentbehrlich. Aber für die Befriedigung des Stickstoffbedarfes stand der Weltwirtschaft von Haus aus ein viel geringerer Reichtum natürlicher Vorräte zu Gebote. So wurde naturgemäß die Sorge um den Stickstoff die erste der großen Klippen, die die neue Fahrstraße gefährdeten, auf der wir uns in der Weltwirtschaft seit einigen Jahrzehnten bewegen.

Unsere Geschichtsbetrachtung, die gewohnt ist, die historischen Tatsachen aus der unveränderlichen Natur des Menschen zu verstehen, verführt uns gern, über den ungeheuren Einschnitt hinwegzusehen, den das vergangene Jahrhundert in der Geschichte der Menschheit bedeutet. Alle vorangehende Zeit deckte ihren Bedarf an Energie durch die physische Arbeit der Menschen und die Ausnutzung von Wind und Sonne, die älter sind als wir und unsere Lebensbedingungen überdauern werden. Das vorige Jahrhundert hat alle Tore zu dem Energievorrat der Kohle aufgetan und in den Industriestaaten Lebensformen eingebürgert, bei denen die physische Arbeit der Menschen nur das Relais betätigt, das den hundertfach stärkeren Strom der Kohlenenergie in die Adern des Weltwirtschaftskörpers steuert. Damit sind technische Notwendigkeiten entstanden, denen wir nur zu leicht mangels einer ausreichenden Entwicklung der Wissenschaft ohne genügende Vorsorge gegenüberstehen. Der augenblickliche Zustand der Welt, bei dem die Nachwirkung des Krieges in Zentraleuropa erdrückend auf der Wissenschaftspflege lastet, legt diese Erinnerung besonders nahe.

Das Bedürfnis nach Erschließung neuer Stickstoffquellen trat um die Wende des vorigen Jahrhunderts stark hervor. Seit seiner Mitte schöpften wir aus dem Bestand an Salpeterstickstoff, den die Natur in der chilenischen Hochgebirgswüste angesammelt hat. Dann lehrte der Vergleich des gewaltig ansteigenden Bedarfes mit dem abschätzbaren Vorrat, daß um die Mitte unseres Jahrhunderts ein Notstand großen Stils unvermeidlich war, wenn die Chemie keinen Ausweg fand.

Die chemische Fragestellung war nicht neu. Als man anfing, die Kohle zu destillieren, war man unter den Destillationsprodukten auf das Ammoniak gestoßen, das in der Form des schwefelsauren Ammoniaks Eingang in die Landwirtschaft gefunden hatte. Noch im Jahre 1870 ein lästiges Abfallprodukt der Gasbereitung, war das Ammoniak im Jahre 1900 ein hoch gewerteter Begleiter der brennbaren Gase geworden, und die Kokereiindustrie war in voller Arbeit, um überall ihre Öfen auf seine Nebengewinnung einzurichten. Seine Herkunft aus dem gebundenen Stickstoff der Kohle war geklärt. Die Verbesserung seiner Ausbeute, die kaum mehr als ⅕ vom Stickstoff der Kohle bei dem üblichen Verfahren ausmachte, war vielfach bearbeitet worden. Aber es war auf diesem Wege keine befriedigende Lösung zu erwarten. Bei einem Durchschnittsgehalt der Kohle von ungefähr 1 % an gebundenem Stickstoff konnte man die Kohle nicht allein um des Stickstoffs willen verarbeiten. Seine Gewinnung als Nebenprodukt aber zog der Erzeugung Grenzen, die es unmöglich machten, aus dieser Quelle den künftigen Ausfall des Salpeters zu ersetzen. Es ließ sich voraussehen, daß der Bedarf an gebundenem Stickstoff, der beim Beginn des Jahrhunderts mit wenigen 100 000 Tonnen im Jahre zu befriedigen war, in die Millionen von Tonnen hineinwachsen mußte. Ein solcher Bedarf konnte nur aus einer Quelle gedeckt werden: aus dem ungeheuren Vorrat an elementarem Stickstoff, den unsere Atmosphäre darstellt, und die Bindung mußte auf chemischem Wege an die einfachsten und verbreitetsten chemischen Elemente gelingen, wenn die Lösung dem Erfordernis entsprechen sollte. Wie als Ausgangsmaterial der elementare Stickstoff durch die Rohstoffverhältnisse unserer Erde gegeben war, so war als Endprodukt Ammoniak oder Salpetersäure durch die Bedürfnisse der Pflanze vorgeschrieben. Die Aufgabe kam also darauf hinaus, den elementaren Stickstoff an Sauerstoff oder an Wasserstoff zu binden.

Auch in dieser Stellung war das chemische Problem nicht neu und nicht unbearbeitet. Die Vereinigung des Stickstoffs mit dem Wasserstoff zu Ammoniak, wie mit dem Sauerstoff zu salpetersauren Verbindungen, hatte die Wissenschaft und zum Teil die Technik beschäftigt. Die unmittelbare Vereinigung des Stickstoffs mit dem Wasserstoff war mit verschiedenen Formen der elektrischen Entladung erzwungen worden, bei denen freilich der Energieaufwand in einem abschreckenden Verhältnis zum Ergebnis stand. Die indirekte Vereinigung hingegen war mit technisch bemerkenswertem Erfolge bearbeitet worden, indem man den Stickstoff mit anderen Elementen vereinigt und diese Verbindung nachher mit Wasser unter Abspaltung von Ammoniak zerlegt hatte. Nur der freiwillige Zusammentritt der Elemente war unbekannt, als ich 1904 begann, mich mit dem Gegenstande zu beschäftigen, und galt für ausgeschlossen, nachdem man Druck, Wärme und die vermittelnde Wirkung des Platinschwammes außerstande gefunden hatte, sie hervorzubringen [2].

Der indirekte Weg hat die Wissenschaft und die Technik immer wieder beschäftigt, seit Margueritte und Sourdeval ihn 1860, auf Bunsens und Playfairs älteren Untersuchungen fußend, an einem Musterfall entwickelt hatten. Ätzbaryt und Kohle lieferten bei hoher Temperatur mit Stickstoff Cyanbarium. Bei erniedrigter Temperatur zerfiel diese Verbindung mit Wasserdampf unter Bildung von Ammoniak und Entstehung von Bariumhydroxyd, das wieder in den Prozeß zurückkehrte. So wurde fortlaufend unter abwechselnder Bildung und Zerstörung des Cyanbariums Kohlensäure und Ammoniak aus Kohlenstoff, Wasser und elementarem Stickstoff gewonnen. In dem halben Jahrhundert, das der Veröffentlichung von Margueritte und Sourdeval folgte, ist dieser indirekte Weg, dessen erste technische Durchführung übermäßige Anforderungen an die Reaktionsgefäße stellte, in vielen abgewandelten Formen erneut bearbeitet worden. Der Baryt ließ sich durch feuerbeständige Oxyde anderer Metalle oder Halbmetalle ersetzen. Der Vorgang der Stickstoffbindung

---

2 Auch gegenüber den Ergebnissen meiner ersten Untersuchung, die in Gemeinschaft mit G. van Oordt ausgeführt und im 43. Bande der „Zeitschrift für anorganische Chemie“ im Januar 1905 zur Veröffentlichung gelangt ist, hat die Meinung noch lebhaften Ausdruck gefunden, daß es zur Vereinigung des Stickstoffes mit dem Wasserstoff der Mitwirkung eines dritten Stoffes, des Wasserdampfes, bedürfte („Proceedings of the Royal Society“, Serie A, Bd. 76, Nr. 508, S. 167).

konnte in Teilvorgänge zerlegt werden, indem zunächst durch Reduktion das Metall, Halbmetall oder Metallcarbid hergestellt wurde, das in einer Folgereaktion den Stickstoff aufnahm. Das Ergebnis war als Lösung des Problems der Ammoniakdarstellung niemals vollständig befriedigend. Vollzog sich die Reduktion des Oxyds und die Aufnahme des Stickstoffs in einem Vorgang, so verlangte sie eine sehr hohe Temperatur. Spaltete man den Vorgang, so gelangte man zu Zwischenprodukten, die leichter mit Stickstoff in Reaktion traten. Aber das Zwischenprodukt – Metall, Halbmetall oder Carbid – forderte dann für seine eigene Erzeugung aus dem Massenvorrat der Naturprodukte erst recht die Innehaltung von Bedingungen, die einen unwirtschaftlichen Aufwand elektrischer Energie – auf elektrolytischem oder elektrothermischem Wege – nötig machten.

Dem fester gebauten Stickstoffmolekül ist die Leichtigkeit fremd, mit der sich das Folgeelement im periodischen System, der Sauerstoff, teilweise aufspaltet. Dem Reichtum der Autooxydationserscheinungen steht dementsprechend ein vollständiger Mangel an freiwillig bei gewöhnlicher Temperatur verlaufenden Reaktionen des elementaren Stickstoffs in der unbelebten Natur gegenüber. Die schwere Spaltbarkeit des Stickstoffs brachte die Bemühungen zum Scheitern, die der Ausbildung eines technischen Ammoniakverfahrens gewidmet wurden.

Nur an einer Stelle ist man beim Studium des indirekten Weges der Ammoniakbildung aus den Elementen imstande gewesen, die Schwierigkeiten erfolgreich zu umgehen. Franck und Caro haben durch Einwirkung des Stickstoffs auf das im Lichtbogen aus Kalk und Kohle entstehende Calciumcarbid das Calciumcyanamid, den wichtigen Kalkstickstoff, erhalten. Die Spaltung des Kalkstickstoffs mit Wasser liefert Ammoniak und diese Spaltung vollzieht sich ohne unser besonderes Zutun in der Ackererde, der der Kalkstickstoff als Düngemittel zugeführt wird. Die darin gelegene Ersparnis technischer Operationen, verbunden mit der Beschränkung der Rohstoffe auf Kalk, Kohle und Stickstoff ist für die Einbürgerung dieses Verfahrens wichtig geworden.

Die Versuche zur Bindung des Stickstoffs an den Sauerstoff reichen noch weiter zurück als die Versuche zur Bindung an den Wasserstoff. Die Grundtatsache der Vereinigung von Stickstoff und Sauerstoff in Funken hatten schon Cavendish und Priestley beobachtet. Das erste Erzeugnis ist dabei Stickoxyd, das sich in freiwilliger Reaktion mit Sauerstoff und Wasser zu Salpetersäure umwandelt. Die Stickoxydbildung ist ein Vorgang, der unter Wärmeverbrauch verläuft und ohne Zufuhr von Energie nach thermodynamischer Überlegung erst bei den höchsten Temperaturen in merklichem Umfange freiwillig geschehen kann. Aber die bei gewöhnlicher Temperatur notwendige Energiezufuhr ist so klein, daß der Nachteil dieses Energiebedarfs überwogen wird durch den Vorteil, mit Luft und Wasser als Rohstoffen auszukommen. So würde es kein besseres und wirtschaftlicheres Verfahren geben können, um den Stickstoff zu binden, wenn ein Mechanismus zu finden wäre, der elektrische Energie ohne Verschwendung in diese Gestalt der chemischen Energie zu bringen erlaubte. Das Vorbild der Natur, die die Reaktion auf der Bahn des Blitzes hervorbringt und Cavendishs früh erfolgreiche Nachahmung im Funken, mußten mit der glänzenden Entwicklung der Elektrotechnik in den letzten Dezennien des vergangenen Jahrhunderts diesen Weg für die Lösung des Stickstoffproblems um so stärker in den Vordergrund rücken, je weniger die Fortschritte auf dem Wege der Bindung des Stickstoffs an den Wasserstoff die Fachwelt befriedigten. Die glänzende Entwicklung, die diese Bestrebungen im Anfang unseres Jahrhunderts genommen haben, ist allgemein bekannt. Die Hauptformen der technischen

Gestaltung, die sich besonders an die Namen von Birkeland und Eyde, von Schönherr und von Pauling knüpfen, haben jahrelang im Vordergrunde des fachlichen Interesses gestanden. Technisch an einer Reihe von Stellen zu bedeutendem Umfange ausgebaut und offenbar in beachtlichem Maße geeignet, die Energie mächtiger gut ausnutzbarer Wasserfälle für chemische Zwecke zu verwerten, hat diese Methode der Stickstoffbildung doch den Umfang nicht erreicht, zu dem sie berufen schien. Als eine Sperre liegt vor ihrer Fortentwicklung die Erfahrung, daß mit dem Aufwande einer Kilowattstunde nicht über 16 g Stickstoff in Salpetersäure überführt werden, während eine vollkommene Umwandlung der elektrischen Energie in chemische Energie den 30fachen Betrag ergeben muß. Die Erklärung gaben Muthmann und Hofer, indem sie dartaten, daß der Hochspannungsbogen, den diese Verfahren verwenden, als ein heißkalter Raum im Sinne Devilles wirkt. Die Stickoxydbildung ist durch die thermischen Verhältnisse im Bogen und in seiner Umgebung bestimmt und begrenzt. Die Festlegung des thermodynamischen Gleichgewichtes der Stickoxydbildung durch Nernst stützte diese Anschauung. Eine Extrapolation seiner Versuchsergebnisse und der besten Zahlen für die spezifische Wärme der beteiligten Gase bis auf die Temperatur von 3000° C oder 4000° C führte zu dem bemerkenswerten Schluß, daß mehr als das 1½fache oder Doppelte des technischen Ausbringens für die Kilowattstunde auch dann nicht zu erreichen war, wenn alle Rückbildung von Stickoxyd auf dem Abkühlungswege unterblieb. Die Quelle der geringen Ausbeute lag darin, daß die Erhitzung einer großen Luftmasse auf die höchsten Temperaturen nur einem kleinen Bruchteil die Umbildung in Stickoxyd thermodynamisch ermöglichte. Trotzdem dieser Rechnung aus verschiedenen Gründen keine erhebliche Genauigkeit beizumessen war, kam ihr Resultat doch der Wahrheit offenbar nahe. Durch Wärmeregeneration war eine bedeutende Energieersparnis nach praktischer Erfahrung nicht erreichbar, offenbar weil die Verschlechterung der Abschreckungswirkung, die damit verbunden war, im Gegensinne wirkte. Von der Bogenentladung loszukommen, war nicht möglich, ohne den Boden der Arbeitsweisen zu verlassen, die dem Bedürfnis der Massenerzeugung entsprachen.

Aber es war vielleicht auch mit der Bogenentladung nicht völlig ausgeschlossen, von dem Temperaturgebiet loszukommen, indem die rasche Einstellung des thermodynamischen Gleichgewichtes jede günstigere Möglichkeit einer Umwandlung elektrischer Energie in chemische überdeckte. Der Bogen lebt ja von der ständigen Hervorbringung energiereicherer Gebilde in der Gestalt von Gasionen durch die elektrische Energie des Elektronenstoßes, und es war nicht ohne weiteres einleuchtend, daß die nachfolgende Zerstreuung der Energie als Wärme jedes andere als das thermische Ergebnis der Stickoxydbildung ausschloß, zumal Warburg und Leithäuser nichtthermische Ozonbildung durch stille elektrische Entladung nachgewiesen hatten.

Diese Möglichkeit besaß im ersten Dezennium unseres Jahrhunderts viel Interesse und hat mich seit dem Jahre 1907 zu Untersuchungen veranlaßt, die während mehrerer Jahre verfolgt wurden. Die Entwicklung der Dinge hat die Anschauungen in einem kurzen Jahrzehnt so verändert, daß es heute bereits schwer fällt, sich in die Auffassungen zurück zu versetzen, die damals herrschten; aber kennzeichnend ist, daß eine so berufene und erfahrene Beurteilerin chemisch-technischer Möglichkeiten, wie die Badische Anilin- und Sodafabrik, meine Bemühungen um eine bessere Ausnutzung der elektrischen Energie bei der Vereinigung von Stickstoff und Sauerstoff hoch genug bewertete, um im Jahre 1908 mit mir in Verbindung zu treten und mir durch ihre Hilfsmittel die Verfolgung des Gegenstandes zu erleichtern, während sie den Vorschlag, mich auch bei der Hochdrucksynthese des Ammoniaks zu unterstützen, mit aller Zurückhaltung aufnahm und nur zögernd genehmigte. In der Tat hing die Frage, ob der Schwerpunkt der technischen Fortarbeit auf die direkte Darstellung des Ammoniaks aus den Elementen zu legen sei, auch später noch für meine Auffassung wesentlich davon ab, ob der Aufwand von Energie bei der Bindung des Stickstoffs an den Sauerstoff sich erheblich vermindern ließ. In den technischen Fragen, in denen die Wage zwischen Erfolg und Mißerfolg schwankt, hängt die Entscheidung über das Gelingen oder Scheitern meistens an mäßigen Unterschieden im Energie- und Materialverbrauch, und Änderungen in diesen Werten, die innerhalb einer Zehnerpotenz gelegen sind, entscheiden über den Ausgang.

Deshalb habe ich mit einer Reihe ausgezeichneter Mitarbeiter die Arbeiten über die Stickstoffoxydbildung durch elektrische Entladung längere Zeit verfolgt [3]. Ich habe das Druckgebiet von 12 Atmosphären bis zu 25 mm Quecksilber durchgesucht, den Bogen von der Wandung und von der Anode her gekühlt und den Zusammenhang von Energieverbrauch und Frequenz bis zu etwa 50 000 Wechseln pro Sekunde verfolgt. Es wurden Stickoxydkonzentrationen von 10 % in Luft bei vermindertem Druck erreicht, die eine Abweichung vom thermodynamischen Gleichgewicht bedeuteten. Auch konnten Ausbeuten an gebundenem Stickstoff für die aufgewandte Kilowattstunde erreicht werden, die um 10 % bis 15 % den früher erwähnten technischen Wert von 16 g überholten. Aber diese Vorteile waren an sich nicht durchschlagend und wurden zudem durch

3 Diese Untersuchungen sind abgedruckt in „Zeitschrift für Elektrochemie", Bd. 13, S. 725 (1907), Bd. 14, S. 689 (1908), Bd. 16, S. 789, 796, 803, 810 (1910). Siehe dazu auch Bd. 17, S. 217 (1911), Bd. 20, S. 485 (1914) und „Zeitschrift für angewandte Chemie" (1910), S. 684.

Arbeitsweisen erzielt, die für die Übersetzung in einen großen Maßstab wenig günstig waren. So führte diese Gruppe von Untersuchungen zu einer Bestärkung der Meinung, daß die Lösung der technischen Aufgabe in der unmittelbaren Vereinigung des Stickstoffs mit dem Wasserstoff zu suchen sei.

Zu demselben Resultat leitete ein Studium der Stickoxydbildung in Druckflammen. Daß die Explosion der brennbaren Gase mit Stickstoff und Sauerstoff zu der Bildung von nitrosen Produkten führt, war seit Bunsen bekannt. Liveing und Dewar hatten die Salpetersäurebildung bei der Wasserstofflamme unter Druck beschrieben. Es schien mir nötig, auch mit dieser Stickoxydquelle näher vertraut zu werden, bei der die Wärme als Energiequelle unter Bedingungen benutzt wird, die der Industrie besonders geläufig sind. Es lagen Vorschläge vor, die die Explosionsvorgänge zugleich motorisch verwerten und als Quelle der Stickoxydbindung verwenden wollten. Ich habe auf diese Verknüpfung zweier ganz verschiedener Aufgaben keine Hoffnungen gesetzt. Aber die Ausnutzung der Wärme von Flammengasen schien mir mit der Gewinnung von Stickoxyden nicht unvereinbar und einer näheren Untersuchung wert[4]. Sie ist auf die Flammen des Kohlenoxydes, des Wasserstoffs und des Acetylens erstreckt worden. Es ergab sich, daß auf 100 Moleküle der Verbrennungshauptprodukte, Kohlensäure und Wasserstoff, 3–6 Moleküle Salpetersäure erhalten werden konnten. Beim Kohlenoxyd und Wasserstoff bedurfte es dazu des erhöhten Druckes. Das Kohlenoxyd war vor den wasserstoffhaltigen Gasen im Vorteil, weil die Gegenwart des Wasserdampfes in den heißen Verbrennungsprodukten

4 Diese Untersuchungen sind abgedruckt in der „Zeitschrift für physikalische Chemie“, Bd. 66, S. 181 (1909), Bd. 67, S. 343 (1909), Bd. 69, S. 337 (1909), „Zeitschrift für Elektrochemie“, Bd. 16, S. 814, (1910).

die Rückbildung des Stickoxydes in die Elemente auf dem Abkühlungswege begünstigte. Bei diesem Gas war das Molekularverhältnis des Stickoxydes zur Kohlensäure mit Luft leicht auf 3 : 100, mit einer sauerstoffreicheren Mischung auf das Doppelte zu bringen. Für die technische Ausführung erwiesen sich diese Werte aber nicht als ein ausreichender Anreiz. Das Gewicht, das auf die unmittelbare Vereinigung des Stickstoffes mit dem Wasserstoff fiel, erfuhr dadurch abermals eine Verstärkung.

Der Vereinigung von Stickstoff und Wasserstoff durch stille elektrische Entladung und durch den Funken bin ich nicht nachgegangen. Es schien mir sicher, daß dieser Weg sich nicht als der zweckmäßige erweisen würde. In letzter Linie entschied über jeden Weg das Verhältnis des Energieaufwandes zum Ausbringen oder, anders gefaßt, des Kohleverbrauches zum Stickstoffgewinn, wobei ein Aufwand an Wasserkraft gleich dem äquivalenten Aufwand von Kohle zu rechnen war. Nichts aber erschien weniger hoffnungsvoll als der Gedanke, bei der erzwungenen Vereinigung von Stickstoff mit Wasserstoff mit so wenig Energie auszukommen, daß man noch den Aufwand für die Wasserstoffherstellung in Kauf nehmen konnte. Es blieb nur die Möglichkeit, die Bedingungen einer freiwilligen Ammoniakbildung aus den Elementen aufzufinden. Die positive Bildungswärme des Ammoniaks sprach für die Möglichkeit seiner Bildung ohne die Zuhilfenahme elektrischer Energie. Dagegen sprach, daß weder Deville noch Ramsay und Young aus Stickstoff und Wasserstoff in der Hitze Ammoniak erhalten hatten. Ramsay und Young, die 1884 beim Studium der Zersetzung des Gases in der Nähe von 800° C stets eine Spur unzersetzten Ammoniaks beobachtet hatten, waren besonders bestrebt gewesen, bei der gleichen Temperatur diese Spur aus den Elementen mit Eisen als Überträger zu erhalten. Aber der Versuch war mit den reinen Gasen erfolglos verlaufen. Hier lag eine Undeutlichkeit vor, deren Aufklärung über die Möglichkeit einer unmittelbaren Ammoniakerzeugung aus den Elementen entschied. Ich habe deshalb damit begonnen, durch ziemlich grobe Versuche die ungefähre Lage des Ammoniakgleichgewichtes in der Nähe von 1000° C zu bestimmen. Dabei erwies sich nun, daß die älteren Versuche nur durch einen Zufall negativ verlaufen waren; denn es gelang in der Nähe von 1000° C leicht, mit Eisen als Kontaktstoff den gleichen Ammoniakgehalt von beiden Seiten zu erreichen. Die Ergebnisse der einzelnen Versuche schwankten zwischen ¹⁄₂₀₀ % und ¹⁄₈₀ %, und ich sah damals wegen einzelner herausfallender Zahlen die obere Grenze als den wahrscheinlichen Wert an, während sich später durch genauere Bestimmungen die untere als richtig herausgestellt, und die Quelle der höheren Werte in der Eigenschaft der Katalysatoren gefunden hat, in frischem Zustande vorübergehend das Gleichgewicht überschießende Ammoniakbildung herbeizuführen. Es ergab sich weiter, daß dasselbe Resultat mit Nickel wie mit Eisen zu erhalten war, und es wurden im Calcium und besonders im Mangan Kontaktstoffe gefunden, die auch bei niederer Temperatur einen Zusammentritt der Elemente herbeiführten. Bei 1000° C war die Reaktionsgeschwindigkeit ausreichend, um mit einer kleinen Menge fortlaufend eine vergleichsweise große Menge Ammoniak zu erzeugen. Durch eine Zirkulationseinrichtung, die den Gasstrom abwechselnd bei hoher Temperatur mit dem Metall in Berührung brachte und dann das Ammoniak bei gewöhnlicher Temperatur durch Auswaschen entfernte, ließ sich die Umbildung einer gegebenen Gasmasse zu Ammoniak schrittweise durchführen.

Aus der Bestimmung bei einem Druck, einer Temperatur und einer Ausgangsmischung von Stickstoff und Wasserstoff ließ sich nach dem Stande der Theorie das erreichbare Ergebnis für beliebige Temperaturen, Drucke und Mischungsverhältnisse von Stickstoff und Wasserstoff annähernd voraussagen. Aus der formelmäßigen Fassung war ohne weiteres die Erhöhung des erreichbaren Maximalgehaltes mit sinkender Temperatur, seine Proportionalität mit dem Gasdruck und die Tatsache vorauszusagen, daß eine Mischung von 3 Teilen Wasserstoff und 1 Teil Stickstoff die höchsten Ammoniakgehalte liefern mußte. Am wesentlichsten war die damals gewonnene Einsicht, daß von beginnender Rotglut aufwärts kein Katalysator mehr als Spuren Ammoniak in der günstigsten Gasmischung erzeugen kann, wenn man bei gewöhnlichem Druck arbeitet, und daß auch bei stark erhöhtem Druck die Lage des Gleichgewichtes stets sehr ungünstig bleiben mußte. Wenn man praktische Erfolge mit einem Katalysator bei gewöhnlichem Drucke erreichen wollte, so durfte man seine Temperatur nicht wesentlich über 300° steigen lassen. Damit schien mir im Jahre 1905 die weitere Verfolgung des Gegenstandes als aussichtslos gekennzeichnet. Die Herstellung der Verbindung aus den Elementen war wohl gelungen und die Bedingungen einer Synthese in größerem Stil physikalisch gekennzeichnet. Aber diese Bedingungen erschienen so ungünstig, daß sie von einer Vertiefung in den Gegenstand abschreckten. Denn die Auffindung von Kontaktstoffen, die noch in der Nähe von 300° eine flotte Einstellung des Gleichgewichtes bei gewöhnlichem Drucke lieferten, war mir völlig unwahrscheinlich. Sie sind auch in den inzwischen verflossenen 15 Jahren nirgends gefunden worden. Eine Durchführung der bei gewöhnlichem Drucke nachgewiesenen Ammoniakbildung unter hohem Druck konnte im Laboratoriumsmaßstabe keine ernstliche Schwierigkeit haben. Es bedurfte dazu nur einer geringen Umbildung des Druckofens, mit dem Hempel 15 Jahre früher die Stickstoffaufnahme bei der indirekten Ammoniakbildung unter Drucken bis zu 66 Atm. verfolgt hatte. Aber ich hielt sie nicht der Mühe für wert; denn ich unterlag damals dem verbreiteten Urteil, daß die technische Durchführung einer Gasreaktion bei beginnender Rotglut unter hohem Drucke unmöglich sei. Auf diesem Stande verblieb die Sache während der nächsten 3 Jahre. Hingegen erwies sich eine neue Bestimmung des Ammoniakgleichgewichtes schon 1906 als erforderlich. Im Gange seiner Untersuchungen über das nach ihm benannte Wärmetheorem war Herr Nernst zu einer Näherungsformel gelangt, die aus den Werten der Wärmetönung und der sogenannten chemischen Konstanten eine Voraussage der Gleichgewichte erlaubte. Sie ergab beim Ammoniak eine Abweichung von den aus meinen ersten Bestimmungen gefolgerten Werten, die, wie später ersichtlich wurde, durch den damals benutzten Erstwert der konventionellen chemischen Konstante des Wasserstoffs hervorgerufen war[5]. Diese Abweichung führte zu neuen

5 Die Nernstsche Erstannahme über die chemische Konstante des Wasserstoffes ging dahin, daß diese Größe 2,2 sei. Mit dieser Annahme berechnete Nernst 1906–07 aus den damals geltenden Werten für die maßgeblichen Wärmegrößen einen Gleichgewichtsgehalt an Ammoniak bei 1000° Cels., der erheblich kleiner war als die von mir als wahrscheinlich geschätzte Zahl. Als ihm Versuche in seinem Laboratorium niedrigere Werte lieferten, sah er darin eine Bestätigung seines Wärmetheorems. Aber kurz danach fand er sich veranlaßt, die Annahme über die chemische Konstante des Wasserstoffes zu ändern und dafür statt 2,2 die Zahl 1,6 einzuführen, bei der es geblieben ist. Fragt man nun, was die Folge gewesen wäre, wenn er seinerzeit (1906–07) alsbald den von ihm später als richtig erkannten Wert von 1,6 bei sonst völlig gleichen Voraussetzungen und gleicher Rechenweise benutzt hätte, so sieht man leicht, daß er einen 8 mal größeren Gleichgewichtsgehalt an Ammoniak errechnet und damit zu dem Schlusse gekommen wäre, daß meine Schätzung nicht zu hoch, sondern zu niedrig sei. Die Abweichung seiner Berechnung von meiner Schätzung war also rein zufällig und eine Übereinstimmung hätte so wenig für das Wärmetheorem bewiesen, wie die Differenz dagegen besagte.

Gleichgewichtsbestimmungen, die Herr Nernst in seinem Institut mit einem von ihm angegebenen Druckofen ausführen ließ, während ich in Gemeinschaft mit Robert le Rossignol die Bestimmungen unter gewöhnlichem Drucke mit größerer Sorgfalt als früher wiederholte. Weitere Arbeiten aus meinem Institut folgten, die der Feststellung des Gleichgewichtes bei gewöhnlichem Druck und bei 30 Atmosphären in einem erweiterten Temperaturbereich, der Ermittlung der Bildungswärme des Ammoniaks aus den Elementen bei gewöhnlicher Temperatur und an der Schwelle der Rotglut und schließlich der Kenntnis seiner spezifischen Wärme bei erhöhter Temperatur gewidmet waren[6]. Sie lieferten die Unterlagen für die Berechnung der folgenden Gleichgewichtstabelle.

Dieser Sachverhalt wird noch stärker durch den Umstand herausgehoben, daß zur Zeit der ersten Nernstschen Berechnung weder die Bildungswärme des Ammoniaks noch seine spezifische Wärme ausreichend bekannt waren. Angesichts dieser Sachlage habe ich 1914 („Zeitschrift für angewandte Chemie", Jahrg. 27, S. 474) betont, daß „sämtliche in der Nernstschen Näherungsgleichung auftretenden numerischen Werte, nämlich die Summe der chemischen Konstanten der 3 Gase Stickstoff, Wasserstoff und Ammoniak, der Unterschied ihrer spezifischen Wärmen und die Bildungswärme des Ammoniaks aus den Elementen andere Werte angenommen haben". Ich wiederhole diesen Hinweis, da er nicht ausgereicht hat, irrtümliche geschichtliche Darstellungen über den Zusammenhang des Nernstschen Theorems mit dem NH_3-Gleichgewicht zum Verschwinden zu bringen.

6 Die Ergebnisse waren in Kürze die folgenden:

a) Wahre spezifische Wärme c_p des Ammoniakgases pro Mol. bei konstantem Druck zwischen 309° und 523° C

$$c_p = 8{,}62 + 3{,}5 \cdot 10^{-3}\, t + 5{,}1 \cdot 10^{-6}\, t^2.$$

b) Bildungswärme Q des Ammoniakgases bei konstantem Druck in Grammcalorien pro Mol. aus den Elementen bei t° C

$$Q = 10\,950 + 4{,}85\, t - 0{,}93 \cdot 10^{-3}\, t^2 - 1{,}7 \cdot 10^{-6}\, t^3.$$

t °C	T °abs	$\frac{p_{NH_3}}{p_{N_2}^{1/2}\, p_{H_2}^{3/2}}$	$-\log \frac{p_{NH_3}}{p_{N_2}^{1/2}\, p_{H_2}^{3/2}}$	% NH_3 im Gleichgewicht mit Stickst.-Wasserstoffmischung 3 Vol. H_2 + 1 Vol. N_2 unter dem Druck von Atm.			
				1	30	100	200
200	473	0,1807	0,660	15,3	67,6	80,6	85,8
300	573	1,1543	0,070	2,18	31,8	52,1	62,8
400	673	1,8608	0,0138	0,44	10,7	25,1	36,3
500	773	2,3983	0,0040	0,129	3,62	10,4	17,6
600	S73	2,8211	0,00151	0,049	1,43	4,47	8,25
700	973	3,1621	0,00069	0,0223	0,66	2,14	4,11
800	1073	3, 4417	0,00036	0,0117	0,35	1,15	2,24
900	1173	3,6736	0,000212	0,0069	0,21	0,68	1,34
1000	1273	3,8679	0,000136	0,0044	0,13	0,44	0,87

Im Gange dieser Untersuchungen bin ich 1908 in Gemeinschaft

---

c) Prozentgehalte an Ammoniak im Gleichgewichte mit Stickstoff-Wasserstoffmischung

(3 Vol. H_2 + 1 Vol. N_2).

Für die Berechnung der obigen Tabelle ist der Ausdruck benutzt

$$\log^{10} \frac{p_{NH_3}}{(p_{N_2})^{1/2}\,(p_{H_2})^{3/2}} = \frac{9591}{4{,}571\,T} - \frac{498}{1{,}985} \log T$$

$$- \frac{0{,}00046 \cdot T}{4{,}571} + \frac{0{,}85 \cdot 10^{-6}}{4{,}571} T^2 + 2{,}10\,.$$

Auch Ausdrücke mit höheren Gliedern für die Temperatur lassen sich den Beobachtungen anpassen. Ein rationeller Ausdruck wird erst aufgestellt werden können, wenn eine rationelle Darstellung der spezifischen Wärme aller drei beteiligten Gase geglückt ist.

Die abschließenden Untersuchungen sind abgedruckt in „Zeitschrift für Elektrochemie", Bd. 20 (1914), S. 597, Bd. 21 (1915), S. 89, 129, 191, 207, 228, 241. Die vorangehenden Arbeiten über den gleichen Gegenstand sind in Bd. 21 (1915), S. 89 zusammengestellt.

mit meinem jüngeren Freunde und Mitarbeiter Robert le Rossignol, dessen ich an dieser Stelle mit besonderer Herzlichkeit und besonderem Danke gedenke, an die drei Jahre zuvor verlassene Aufgabe der Ammoniakdarstellung wieder herangetreten. Ich war unmittelbar zuvor mit den Arbeitshilfsmitteln der Luftverflüssigung vertraut geworden, hatte gleichzeitig Einblick in die Formiatindustrie erhalten, die strömendes Kohlenoxyd auf Alkali in der Wärme unter erhöhtem Drucke zur Einwirkung brachte und hielt es nicht mehr für ausgeschlossen, in technischem Maßstabe Ammoniak bei hohem Druck und hoher Temperatur zu erzeugen. Aber die ungünstige Beurteilung durch die Fachgenossen belehrte mich, daß es eines eindrucksvollen Fortschrittes bedurfte, um das technische Interesse für den Gegenstand zu wecken. Es war zunächst klar, daß der Übergang zu möglichst hohem Drucke vorteilhaft war. Die Lage des Gleichgewichtes wurde dadurch günstiger und für die Reaktionsgeschwindigkeit ließ sich das gleiche erwarten. Der Kompressor, über den wir verfügten, erlaubte die Verdichtung der Gase auf 200 Atmosphären und bestimmte damit den Arbeitsdruck, der für größere Versuchsreihen nicht bequem zu überschreiten war. In der Nähe dieses Druckes lieferten die Katalysatoren, mit denen wir durch die Gleichgewichtsbestimmungen bekannt geworden waren, vorzugsweise Mangan, nächst ihm Eisen oberhalb 700° mit Leichtigkeit eine rasche Vereinigung des Stickstoffs mit dem Wasserstoff. Für ein eindrucksvolles Ergebnis aber bedurfte es der Auffindung von Kontakten, die zwischen 500° und 600° einen flotten Umsatz herbeiführten. Wir kamen auf den Gedanken, die sechste, siebente und achte Gruppe des periodischen Systems, deren Spitzenmetalle Chrom, Mangan, Eisen und Nickel ein ausgeprägtes, katalytisches Vermögen besaßen, nach Metallen zu durchsuchen, die noch günstiger wirkten, und entdeckten solche im Uran und Osmium. Dabei fanden wir für die große

Abhängigkeit, in der die Leistung eines Kontaktes von der Art seiner Herstellung stand, beim Osmium ein besonders ausgeprägtes Beispiel. Mit ihrer Hilfe ließen sich bei 200 Atmosphären die beiden Forderungen erfüllen, die wir an eine technisch überzeugende Ausführung des Versuches stellen zu müssen glaubten: die eine betraf den Gehalt an Ammoniak, die andere die pro ccm des Kontaktraumes und Stunde erzeugte Ammoniakmasse: mit einem Gehalte von rund 5 % war die 1905 beschriebene Umlaufsvorrichtung nicht mehr die Darstellung einer Bildungsweise, sondern ein Herstellungsverfahren. Bei einer Ausbeute von mehreren Grammen Ammoniak pro Stunde und Kubikzentimeter des geheizten Hochdruckraumes konnten dessen Abmessungen so klein bleiben, daß die Bedenken der Industrie nach unserer Auffassung schwinden mußten.

Es bedurfte schließlich noch eines Aufbaues der Zirkulationseinrichtung, die als ein Modell der technischen Durchführung gelten konnte. Es wäre nicht zweckmäßig gewesen, die Bildung und die Entfernung des Ammoniaks aus dem Gasstrom durch eine Entspannung zu trennen. Der Wechsel von Ammoniakerzeugung und Ammoniakabscheidung mußte offenbar bei konstantem Hochdruck am einfachsten durchführbar sein. Wesentlich erschien, daß die bei der Ammoniakbildung erzeugte Wärme den vom Kontakt abziehenden Gasen, in denen sie lediglich störend wirkte, entzogen und auf das Frischgas übertragen wurde, damit der Vorgang die für seinen Ablauf erforderliche Temperatur durch seine eigene Wärmeerzeugung lieferte. Der gemeinsam mit Robert le Rossignol durchgeführte Bau und Betrieb einer kleinen Anordnung, die diesem Gesichtspunkte entsprach, verbunden mit der Leistung der erwähnten neuen Kontakte, genügten in der Tat, um die Badische Anilin- und Sodafabrik, die zuvor dem indirekten Wege der Ammoniakdarstellung mittels der Nitride des

Aluminiums, des Siliciums und Titans ihre Arbeit gewidmet hatte, zur Aufnahme der Hochdrucksynthese aus den Elementen zu bestimmen [7].

Die Firma hat danach die Kontakte mit wesentlich größeren Hilfsmitteln im weiten Umfange studiert und in der Temperatur, die bei ihrer Herstellung innegehalten wird, und besonders in dem absichtlichen Zusatz indifferenter Stoffe Mittel gefunden, um die Leistung schlechterer Katalysatoren auf die des Osmiums und Urans zu bringen. Das Ergebnis war namentlich wichtig bei dem klassischen Ammoniakkontakt, den Ramsay und Young für die Zerlegung bevorzugt hatten, nämlich dem Eisen. Für die Konstruktion des Ofens fand sie eine Verbesserung, die die bei längerem Gebrauche von ihr beobachtete Einwirkung des Wasserstoffs auf den Kohlenstoffgehalt des Stahls beseitigte. Die Hauptarbeit erwuchs der

---

7 Die Versuche von Le Rossignol und mir sind in einem Berichte niedergelegt, der mit Weglassung gewisser Zahlenangaben, deren Bekanntgabe der Badischen Anilin- und Sodafabrik aus patenttechnischen Gründen erwünscht war, in „Zeitschrift für Elektrochemie", Bd. 19 (1913), S. 53, 3½ Jahre nach seiner Mitteilung an die Firma zum Abdruck gelangt ist. Der Patentschutz der Ergebnisse ist in Deutschland nach dem Wunsche der Firma auf ihren Namen durch D. R. P. 235421 bewirkt worden. Unsere in diesem Patente beschriebene Arbeitsweise deckt sich mit der technischen Ausführung im großen. Das Zusatzpatent D. R. P. 252275 und das noch etwas später angemeldete selbständige D. R. P. 238450 stellen Erweiterungen dar, durch die Umgehungen erschwert werden sollten. Der Umstand, daß die Firma die Anmeldung des D. R. P. 238450, in welchem die Synthese bei mehr als 100 Atmosphären geschützt wird, auf meinen Namen für zweckmäßig gehalten hat, ist die Quelle des sonderbaren Irrtums geworden, daß der Schwerpunkt meiner Arbeit in der Überschreitung von Drucken bei der Synthese gelegen hätte, die weniger als 100 Atm. betrugen.

Firma aber aus der Vertauschung des elektrolytischen Wasserstoffs, mit dem unsere Versuche ausgeführt waren, gegen den Wasserstoff des Wassergases, der Verunreinigungen mit sich führte. Die Schwierigkeiten, die der technische Leiter, Herr Dr. Bosch, zu überwinden hatte, ähneln denen, die sein Vorgänger Knietsch bei der technischen Durchführung des Schwefelsäure-Kontaktprozesses gleich erfolgreich bewältigt hat. Direktor Bosch hat aus der Synthese des Ammoniaks eine Großindustrie gemacht.

Von äußeren Merkmalen der Laboratoriumsarbeit sind in dem heutigen Großbetriebe der Arbeitsdruck in der Nähe von 200 Atmosphären, die Arbeitstemperatur von ungefähr 500° und 600°, der Umlauf unter dauerndem Hochdruck, die Art der Wärmeübertragung vom Abgas auf das Frischgas erhalten geblieben[8].

In jüngster Zeit hat Claude eine Verbesserung des Verfahrens durch Verwendung eines Druckes von 1000 Atm. angekündigt. Das Druckgebiet in der Nähe von 200 Atmosphären ist seinerzeit nur darum gewählt worden, weil es nach dem Stande

---

8 In Italien hat die Technik neuerdings begonnen, die Hochdrucksynthese des Ammoniaks in unmittelbarem Anschluß an die von Le Rossignol und mir beschriebenen Versuche mit elektrolytischem Wasserstoff ohne Benutzung der Boschschen Wasserstoffdarstellung aus Kohle in Gebrauch zu nehmen. Man verwendet, soweit ich unterrichtet bin, eine Temperatur von etwa 500° C und einen Druck von 450 Atm. Der gesamte Energieverbrauch wird mit 19–20 Kilowattstunden für das Kilogramm gebundenen Stickstoffes, also zu rund ½ des Wertes angegeben, der bei der Überführung des Stickstoffs durch den Lichtbogen in Salpetersäure verlangt wird. Die neben dem Wasserstoff bei der Elektrolyse anfallenden großen Mengen Sauerstoff bleiben bei dem Verfahren der Ammoniakerzeugung selbst ohne Verwendung.

der Kompressortechnik die Grenze des bequem zugänglichen Bereiches darstellte. Ich bin selbst bei späteren Versuchen zusammen mit Herrn Greenwood bis auf 370 Atmosphären gegangen. Ein grundsätzliches Interesse hat der höhere Druck nur dann, wenn er die Temperatur der flotten Umsetzung erheblich hinabdrückt, ohne neue technische Schwierigkeiten zu schaffen.

Aus der mitgeteilten Gleichgewichtstabelle ersieht man, daß der Übergang von gewöhnlichem Druck zu 200 Atmosphären die günstigen Gleichgewichtsbedingungen, die zwischen 200° und 300° C bestehen, bei einer Temperatur schafft, die 300° höher liegt und die Katalysatoren zu kräftiger Wirkung befähigt. Warum es dafür der höheren Temperatur bedarf, ist eine Frage, deren Beantwortung wir einer erleuchteteren Periode der Wissenschaft überlassen müssen. Die heterogene Katalyse der Gasreaktionen ist ein Vorgang, dessen erste Phase anscheinend eine elektrodynamische Verzerrung des Moleküls durch die Atomfelder an der Grenze des festen Kontaktstoffes gegen den Gasraum, also eine Erscheinung aus einem Gebiete der Molekularphysik darstellt, in das wir durch Starks Entdeckung eben erst den ersten Einblick getan haben.

Die Synthese des Ammoniaks aus den Elementen ist ein Ergebnis, das der physikalischen Chemie nicht entgehen konnte. Den Gedanken der Umkehrbarkeit des Ammoniakzerfalls haben schon Deville und Ramsay und Young gehabt. Le Chatelier hat den Temperatur- und Druckeinfluß schon 1901 überlegt. Mißerfolg des ersten synthetischen Versuches aber hat ihn bestimmt, den Gegenstand zu verlassen und die angestellten Erwägungen nur in der Verborgenheit einer französischen Patentschrift unter fremdem Namen auszusprechen. Ich selbst habe erst längere Zeit nach dem erfolgreichen Abschluß meiner Versuche davon Kenntnis erhalten.

Die gefundene Lösung der Aufgabe nimmt ihre Bedeutung daher, daß das Gebiet der sehr hohen Temperaturen nicht betreten wird und das Verhältnis von Kohleaufwand zu Stickstofferzeugung darum günstiger ausfällt als bei anderen Verfahren. Das Ergebnis reicht anscheinend aus, um uns in Gemeinschaft mit den anderen Formen der Stickstoffbindung, die ich gestreift habe, der Zukunftssorge zu entheben, die uns die drohende Erschöpfung der Salpeterlager vor 20 Jahren bereitet hat.

Vielleicht ist diese Lösung keine endgültige. Die Stickstoffbakterien lehren, daß die Natur in den verfeinerten Formen der Lebenschemie noch Möglichkeiten kennt und verwirklicht, deren Nachahmung sich vorerst unserem Können entzieht. Genug, daß inzwischen neuer Reichtum an Nahrung der Menschheit aus reicherer Stickstoffdüngung des Bodens zufließt und die chemische Industrie dem Landmann zu Hilfe kommt, der auf der friedlichen Erde Steine in Brot verwandelt.

Die Chemie im Kriege.

Vortrag, gehalten vor den Offizieren des Reichswehrministeriums am 11. November 1920.

Dieser Vortrag soll eine Reihe von Vorträgen einleiten, die der Vertiefung des Zusammenhanges zwischen dem Kreise der Offiziere und dem naturwissenschaftlich-technischen und wirtschaftlichen Berufskreise dienen. Die Chemie hat die erste Stelle erhalten, weil die Bedeutung dieses Zusammenhanges auf dem Felde der Chemie im Kriege besonders hervorgetreten ist.

Je nach der geistigen Einstellung sieht sich der Krieg ganz verschieden an. Für den Staatsmann ist er eine Fortsetzung der Politik mit anderen Mitteln, für den Feldherrn die Kunst, seine Truppen im nötigen Augenblicke in der nötigen Zahl an die richtige Stelle zu bringen. Für den Techniker ist er ein Verfahren, um den Gegner mit technischen Hilfsmitteln, die der Soldat bedient, aus seinen Stellungen zu verjagen oder ihn darin zu vernichten. Die Denkweise des Grafen Schlieffen, die aus den Schriften dieses außerordentlichen Mannes mit besonderer Deutlichkeit zu uns spricht, ist durch die zweite Definition, durch die des Truppenführers gekennzeichnet. In diesem Geiste war das Offizierkorps unseres Heeres in bewundernswerter Weise ausgebildet.

Die naturwissenschaftlich-technische Auffassung trat demgegenüber weit zurück und das aus einem einleuchtenden Grunde. Schlieffen hat ihn in seinem Aufsatz über den Krieg in der Gegenwart vor elf Jahren zum Ausdruck gebracht. Die Möglichkeit, ein kriegsentscheidendes Gewicht durch die technische Entwicklung der Waffen auf der einen Seite in die Wagschale zu werfen, ist zweifellos grundsätzlich vorhanden. Wenn Friedrich der Große mit der Artillerie und dem Maschinengewehr von 1914 gegen seine Gegner im Jahre 1756 hätte ins Feld ziehen können, so würde er nicht sieben Jahre gebraucht haben, um sich ihrer zu erwehren. Aber diese Unterschiede der Technik konnten zwischen benachbarten europäischen Völkern nicht auftreten, weil der Wetteifer der Rüstung, das gemeinsame Bestreben nach Ausnutzung technischer Fortschritte für die Landesverteidigung sie nicht zustandekommen ließ. So mußte nicht die Art und Zahl der Waffen, sondern die Führung der Truppen der entscheidende Gesichtspunkt bleiben. Alle technischen Fragen rückten für die Kriegsführung naturgemäß in die zweite Stelle. Jeder technische Mangel forderte Tadel, die richtige Vorbereitung und Bereitstellung Anerkennung, aber der Schwerpunkt der Sache war nicht dort gelegen.

So einleuchtend diese Verteilung des Gewichtes war, so hat sie doch nicht zu einer völlig richtigen Kriegsvorbereitung geführt. In zwei Punkten entwickelte sich aus dieser Einstellung ein wesentlicher Mangel. Es war naturgemäß, daß der Offizier auf dem Boden der Schlieffenschen Denkweise gegenüber der Beschaffung von Waffen und Kriegsgerät den Standpunkt einnahm, den der Gastgeber in der Vorbereitung einer Festlichkeit gegenüber dem Tafelgerät hat. Der überlegt, was er hat und was er braucht, bestellt bei der Industrie, was ihm fehlt, prüft dabei, was die Industrie ihm zu bieten hat, wählt aus, was ihm am besten dient und bespricht sorgfältig mit dem Lieferanten rechtzeitige Lieferung. Aber er geht nicht hinter den Lieferanten, untersucht nicht, ob die Glasfabrikation imstande ist, das Glas zu erzeugen, das letzten Endes am festgesetzten Tage auf seiner Tafel stehen soll, kümmert sich nicht darum, ob die Edelmetall- und Stahlindustrie das zu leisten vermögen, was sie leisten müssen, wenn seine bestellten Messer und Gabeln pünktlich fertig sein sollen. Dieser Zustand ist natürlich und führt niemals zu einer Störung, weil das Bedürfnis von der Geschäftswelt, die seiner Befriedigung gewidmet ist, überschaut wird. Bei der Kriegsvorbereitung aber liegt es anders. In deren Bedürfnisse blickt oder blickte wenigstens vor dem Kriege niemand hinein außer dem Offizier. Deshalb entfiel auf die Heeresverwaltung die Aufgabe, Waffen und Kriegsgerät nicht nur in richtiger Art und in richtigem Umfange zu bestellen, sondern darüber hinaus die Befriedigung des Bedürfnisses durch die Industrie von den Grundstoffen aus sicherzustellen. Nach dieser Hinsicht hat sich, wie bekannt, eine Lücke ergeben. Der auf die Truppenführung gerichtete Geist der Armee entbehrte der technischen Phantasie, die ihm die künftige Kriegführung mit ihren technischen Erfordernissen hätte richtig erscheinen lassen. Mangels dieser Phantasie war die Vorbereitung eine historische. Das Maß der Bedürfnisse und die Gesichtspunkte ihrer Sicherstellung wurden aus der Erfahrung der Vergangenheit genommen, in der die technischen Bedingungen anders lagen. Als dann die Wirklichkeit diese Vorstellungen berichtigte, brachten ungeheure Anstrengungen nur ein Resultat, das hinter einer wohl vorbereiteten technischen Leistung der Nation weit zurückblieb. Die Beispiele dafür, soweit sie aus der Chemie zu entnehmen sind, werden einen Teil meiner Ausführungen bilden.

Daneben aber trat ein anderes auf.

In den 500 Jahren, die vergangen waren, seit die Feuerwaffe Harnisch und Lanze überwunden hatte, hat man anfangs langsam, dann in den letzten 50 Jahren in außerordentlich gesteigertem Tempo gelernt, die Feuergeschwindigkeit, die Durchschlagskraft und die Rasanz der fliegenden Eisenteile zu erhöhen, mit denen man den Gegner bekämpfte. Dabei war man zu einem Punkte gelangt, der die bisherige Kriegführung praktisch umwarf. Denn alle diese fliegenden Eisenteile waren von größter Wirkung im freien Feld, aber durch Erdwälle von mäßiger Stärke verhältnismäßig bequem aufzuhalten. Das gab dem Verteidiger eine grundsätzliche technische Überlegenheit über den Angreifer. Der menschliche Körper mit seinen 2 qm Oberfläche stellte eine Zielscheibe dar, die gegen den Eisenstrudel von Maschinengewehr und Feldkanone nicht mehr unbeschädigt an die verteidigte Stellung heranzubringen war. Der Verteidiger konnte nicht vor dem Sturme in seiner Erddeckung niedergekämpft werden, weil ihn die fliegenden Eisenteile nicht genügend erreichten. Es war eine Sache der naturwissenschaftlichen Phantasie, diesen Zustand vorauszusehen und auf die Abhilfe zu verfallen, die der Stand der Technik möglich machte. Diese Abhilfe ist der Gaskrieg. Man ist aber bei uns nicht vor dem Kriege, sondern erst im Kriege darauf verfallen. Er hat ein zweites Feld gebildet, auf dem die Chemie mit ungeheurer Anstrengung während des Krieges das geleistet hat, was sie bei planmäßiger Einstellung vor dem Kriege spielend überholt hätte.

Im einen wie im anderen Falle war der Mangel an Vorstellungskraft maßgeblich. Die Vorstellung, die die Dinge außerhalb des Fachgebietes kommen sieht, kann von niemandem erwartet werden. Sie vom Berufsoffizier zu fordern, hätte an die Begabungsbreite des Menschen einen ungebührlichen Anspruch bedeutet; aber da es ihrer für die Kriegsvorbereitung schlechterdings bedurfte und niemand in diese Materie Einblick besaß außer dem Offizier, so war eines zu fordern: Zusammenhang nämlich zwischen dem Offizier und dem Naturwissenschaftler und Techniker, damit deren Vorstellungskraft und Urteil der militärischen Vorbereitung zugute kam. Gerade dieser Zusammenhang aber hat gefehlt. Im Hause des Deutschen Reiches lebten der General, der Gelehrte und der Techniker unter demselben Dache. Sie grüßten sich auf der Treppe. Einen befruchtenden Ideenaustausch aber haben sie vor dem Kriege nicht gehabt. Was war die Folge? Als die Heeresleitung zu Kriegsbeginn sich entschied, die Volkskraft nicht tropfenweise, sondern gesammelt in einem Schlage einzusetzen, waren die Leiber der Menschen geschult und bereit für diesen Einsatz. Die geistige Kraft der Nation aber war für diesen Tag nicht vorbereitet und an dieser Einseitigkeit wurde der Plan zu schanden, der uns einen entscheidenden Vorsprung verschaffen konnte.

Und nun lassen Sie mich zum einzelnen übergehen und in Kürze die Lage nach den beiden Hinsichten besprechen, wie sie sich auf dem Gebiete der Chemie im Kriege dargestellt hat: Einmal hinsichtlich der Schwierigkeit in der Beschaffung von Pulver und Sprengstoff und anderseits gegenüber den Gaskampfaufgaben.

Pulver und Sprengstoff: das sind, wenn wir nur die vollkommenen Vertreter dieser Stoffklasse ins Auge fassen und von den Ersatzprodukten und Streckungsmitteln absehen, die wir in so großem Umfange schließlich im Kriege haben heranziehen müssen, drei Stoffe, nämlich Nitro-Cellulose, Nitro-Glycerin und Nitro-Toluol – die beiden ersten Pulver, der letzte Sprengstoff.

Nitro-Cellulose: eine Verbindung, erhalten aus Baumwolle und aus Salpetersäure, zwei Rohmaterialien, die wir aus heimischer Urerzeugung vor dem Kriege nicht hatten. Baumwolle wächst nicht in unserem Klima; Salpetersäure wurde nur aus Salpeter gemacht, den wir ausschließlich von Chile einführten.

Nitro-Glycerin: Wieder eine Verbindung der Salpetersäure und als zweiter Bestandteil das Glycerin, das enthalten ist in allen tierischen und pflanzlichen Fetten, in ihnen einen kleinen Bruchteil ausmacht und aus ihnen gewonnen wird, wenn wir sie in Fettsäure und Glycerin durch chemische Verfahren spalten. Tierische Öle und Fette haben wir im Lande – Schweinefett, Gänsefett, Hammeltalg, Butter und anderes mehr. Aber Deutschland hat niemals genug daran gehabt, seit es in der Blüte seiner industriellen Entwicklung steht und die Menschenzahl im Lande so hoch gewachsen ist. Die Einfuhr der fetten Öle war der wichtigsten eine. Wurden wir auf unser heimisches Fett beschränkt, so war unsere Ernährung schon dann arg verschlechtert, wenn wir kein Fett spalteten und es dadurch der

Verwendung zu Nährzwecken entzogen. Wenn wir Fett zur Glyceringewinnung benutzten, so hungerten wir doppelt.

Sehen wir schließlich den Sprengstoff an. Beim Nitro-Toluol begegnen wir zunächst wieder der Salpetersäure, die ihren Ursprung im Auslande hat; dann dem Toluol, unter den behandelten Stoffen dem einzigen, für dessen Gewinnung der heimische Rohstoff da war. Denn Toluol ist eine Substanz, die zu einigen Tausendsteln vorkommt im Steinkohlenteer und aus dessen niedrig siedendem Anteil durch Destillation gewonnen wird. Aber hier selbst, wo die Dinge relativ am glücklichsten gelagert waren, weil die Rohstoffquelle im Lande floß, waren sie bei Kriegsausbruch technisch keineswegs geklärt. Wir hatten im Frieden mehr Toluol als wir brauchten. Die Folge war, daß das Toluol seine Verwendung außerhalb des Sprengstoffgebietes suchte und fand. Es floß in das Kraftfahr-Benzol und diente dazu, dies kältebeständig zu machen. So war das Bild in den ersten Wochen des Krieges, daß die Kraftfahrtruppen und die Feldzeugmeisterei einander in hartem Gegensatz gegenübertraten, weil die Feldzeugmeisterei nicht ausreichend Sprengstoff machen konnte, wenn sie das Toluol nicht vollständig erlangte, während die Kraftfahrtruppen es nicht hergeben wollten. Denn die Kältebeständigkeit ihres Treibmittels war für sie in einem Herbstfeldzuge entscheidend und sie wußten nicht, wie sie sie sichern sollten, wenn sie kein Toluol hatten. Die Erledigung dieser Frage, die die Verbindung zwischen der Heeresverwaltung und dem von mir geleiteten Kaiser-Wilhelm-Institute begründete, erwies sich nicht als besonders schwierig. Die Angabe des Major Victor Lefebure in seinem Buch „The Riddle of the Rhine", Seite 35, daß in meinem Institut im August und September 1914 irgend eine mit chemischen Kampfstoffen zusammenhängende Tätigkeit ausgeübt wurde, ist völlig falsch. Die dort erwähnten Versuche, bei denen Professor Sackur tödlich verunglückte, wurden im Dezember 1914 ausgeführt.

Schwieriger war schon, daß die Industrie des Steinkohlenteers gar nicht darauf eingerichtet war, das Toluol, von dem auf einmal jeder Tropfen wichtig geworden war, vollständig aus dem leicht siedenden Anteil des Steinkohlenteers herauszunehmen. Hier mußte unter dem Druck des Krieges die technische Arbeitsweise geändert werden. Immerhin war das Toluol eine Schwierigkeit zweiter Klasse. Von den anderen Stoffen, die ich genannt habe, möchte ich zunächst die Baumwolle besprechen. Die Baumwolle, die nicht mehr kam, mußte ersetzt werden, wenn wir überhaupt schießen sollten. Hier war der Ersatz vorgezeichnet. Die Substanz der Baumwolle, chemisch betrachtet, hatten wir im Lande in Gestalt des Zellstoffs. Nur die physikalische Beschaffenheit war verschieden. Dieser physikalische Unterschied genügte freilich, um wesentliche Verschiedenheiten in das Fabrikationsverfahren der Nitro-Cellulose hineinzutragen, aber ähnlich wie bei der Toluolfrage handelte es sich hier um Schwierigkeiten zweiten Ranges, verglichen mit denen, die beim Glycerin und der Salpetersäure erwuchsen.

Beim Glycerin und der Salpetersäure war die Sachlage außerordentlich bedenklich. Beim Glycerin fehlte alle Voraussetzung, um diesen Stoff auf einem neuen Wege technisch zu liefern, der uns von der Spaltung der Fette freimachte. Hier schien die Alternative hungern oder schießen unausweislich. Es war die unerwartetste technische Neuerung des Krieges, daß es Dr. Connstein gelang, die Gärung des Zuckers durch Hefe so zu leiten, daß an Stelle des Alkohols Glycerin und Aldehyd erhalten wurden. Die Theorie seines technischen Resultates wurde gleichzeitig und unabhängig von Neuberg geschaffen.

Gab es bei dem Glycerin noch immer die Möglichkeit, wenigstens vorübergehend durch Fettspaltung zu helfen und die Zeit zu überbrücken, bis das neue Verfahren fertig war, so war bei der Salpetersäure alles auf den zufälligen Vorrat gestellt, der an Salpeter im Lande war. War der aufgebraucht, so war der Krieg zu Ende, weil wir weder Pulver noch Sprengstoff machen, noch irgendeinen Ersatz bieten konnten. Hier lag keine Möglichkeit vor, durch Behelfsmittel und Ersatzstoffe die Notlage zu bessern. Die belgische Salpeterbeute änderte den Sachverhalt so wenig, daß im Herbst des Jahres 1914 der absolute Zwang, den Krieg im Frühjahr 1915 zu beenden, jedem Sachverständigen vor Augen stand. Die Eigenart des Falles lag hier in dem großen Umfange des Bedarfes. Die nötige Menge war ungeheuer viel größer als beim Glycerin und die nötige Hilfe mußte gleich im größten Maße in einem halben Jahre zur Stelle sein. Glücklicherweise war für den Sachverständigen der Weg der Abhilfe gegeben. Wir hatten eine Stickstoffverbindung im Lande, deren laufende Erzeugung zunächst ausreichte. Das war das Ammoniak. Man verstand seit zwei Menschenaltern im kleinen das Ammoniak zu Salpetersäure zu verbrennen. Ja, Wilhelm Ostwald hatte auf Veranlassung von Herrn Duttenhofer, der die Möglichkeit eines solchen Ereignisses vor vielen Jahren vorausgesehen hatte, ein technisches Verfahren ausgearbeitet, um das Ammoniak zu Salpetersäure zu oxydieren und nach seinem Vorschlage war eine kleine technische Anlage auf der Zeche Lothringen eingerichtet. Die ungeheuerliche Schwierigkeit bestand darin, dieses Verfahren in der kurzen Zeit vom Herbst 1914 bis Frühjahr 1915 zu der quantitativen Leistung zu bringen, die angesichts des Munitionsbedarfes unentbehrlich war. Es wird immer ein Stolz der chemischen Industrie bleiben, daß sie sich dieser Aufgabe gewachsen gezeigt hat. Aber die Salpeterdarstellung aus Ammoniak erledigte den Gegenstand nicht; einmal weil die Erzeugung an Ammoniak in unseren Kokereien, obwohl sie nahezu 125 000 t im Jahre betrug, für das immer anwachsende Bedürfnis des Krieges nicht auf die Dauer reichte, dann aber, weil das Ammoniak, das hier verbraucht wurde, der Landwirtschaft fehlte, die in ihm ihr unersetzlichstes Düngemittel hat. Es mußte also Ammoniak selbst oder Verbindungen, die im Boden Ammoniak liefern, neu geschaffen werden, und dafür gab es eine einzige Quelle, nämlich den Stickstoff der Luft. Aus diesem Bedürfnisse sind die Hochdruck-Synthese des Ammoniaks und die Darstellung des Kalkstickstoffs im Kriege zu besonderer Bedeutung emporgewachsen. Sie sind so groß geworden, daß wir heute keine Einfuhr aus Chile mehr brauchen, sondern in unserem Lande allen Dünge- und Industriestickstoff, den wir benötigen, aus der atmosphärischen Luft erzeugen.

Die Reihe der chemischen Umstellungen, die der Krieg notwendig gemacht hat, war viel größer. Denn in der Chemie hängt ein Produkt am anderen. Man kann nicht aus Salpetersäure und Zellstoff die Nitro-Cellulose machen, ohne zugleich rauchende Schwefelsäure zu verwenden, die nicht in das Pulver übergeht, aber im Fabrikationsgange verbraucht wird. Die Schwefelsäure wieder war zum Hauptteil vor dem Kriege aus ausländischem Rohstoff in Deutschland erzeugt worden. Man kann nicht Industrie treiben, ohne Maschinen zu schmieren und das Schmieröl für unsere Maschinen war ausländischen Ursprungs. Jeder dieser Fälle, deren Zahl sehr groß ist, hat chemische Umstellungen und neue industrielle Verfahren notwendig gemacht. Hier, wo es sich nur um den Hinweis auf die Zusammenhänge und nicht um ihre Einzeldarstellung handelt, wird es mir gestattet sein, von einer näheren Schilderung abzusehen.

Nur einem Einwand will ich begegnen. Wir waren, so wird geltend gemacht, auf einen kurzen Krieg eingestellt, und alle Schwierigkeiten sind erst durch seine ungeheuerliche Dauer entstanden. Dieser Betrachtungsweise ist entgegenzuhalten, daß sich das Bedürfnis nach einer Neugestaltung unserer Rohstoffversorgung für Sprengstoff und Pulver nicht erst im späteren Fortgang des Krieges, sondern unmittelbar nach seinem Ausbruche mit zwingendem Nachdrucke Bahn gebrochen hat. Was im August und September 1914 so notwendig war, daß es im Bruch mit aller Tradition durch völlig fremde bürgerliche Kräfte im Kriegsministerium in Bearbeitung genommen werden mußte, war vor dem Kriege sicherlich nicht weniger wichtig und notwendig.

Das andere Feld, auf dem die Chemie im Kriege zu besonderer Bedeutung gelangt ist, das Gebiet der chemischen Kampfmittel, ist für eine orthodoxe Betrachtung mit einem Odium behaftet. Die Mißbilligung, die der Ritter für den Mann mit der Feuerwaffe hatte, wiederholt sich bei dem Soldaten, der mit Stahlgeschossen schießt, gegenüber dem Mann, der ihm mit chemischen Kampfstoffen gegenübertritt. Die Abneigung, die aus der Fremdartigkeit der Waffe ihre Nahrung zieht, wird gesteigert durch die Vorstellung besonderer Grausamkeit und durch den Zweifel, ob sie nicht Grundlagen des Völkerrechtes verletzt, die im Interesse der Menschheit auch im Kriege heilig bleiben müssen. Nach dem Toben der ausländischen Presse, die während des Krieges nicht auf die unparteiische Würdigung des Gegenstandes, sondern nur auf den Vorteil der eigenen nationalen Sache eingestellt sein konnte, schafft sich die richtige Beurteilung erst langsam Platz. Die im Druck vorliegenden Äußerungen von maßgebender englischer und amerikanischer Seite, persönliche Rücksprache mit den maßgebenden französischen Offizieren aber haben mich überzeugt, daß unter den Kennern der Sache über den naturwissenschaftlichen Sachverhalt keine erhebliche Meinungsverschiedenheit besteht. Die Gaskampfmittel sind ganz und gar nicht grausamer als die fliegenden Eisenteile; im Gegenteil, der Bruchteil der tödlichen Gaserkrankungen ist vergleichsweise kleiner, die Verstümmelungen fehlen und hinsichtlich der Nachkrankheiten, über die naturgemäß eine zahlenmäßige Übersicht vorerst nicht zu erlangen ist, ist nichts bekannt, was auf ein häufiges Vorkommen schließen ließe. Aus sachlichen

Gründen wird man unter diesen Umständen zu einem Verbote des Gaskrieges nicht leicht gelangen. Zeugnis dafür ist die Tatsache, daß die Gaswaffen von unseren Kriegsgegnern bisher nicht aufgegeben sind und der Verzicht auf ihre Benutzung nach ihren offiziellen Äußerungen auch keineswegs für nähere Zeit bevorsteht. Inzwischen ist durch die Washingtoner Konferenz ein solches Verbot beschlossen worden. Aber der Beschluß ist von den daran beteiligten Mächten bisher keineswegs allgemein ratifiziert worden und hat anscheinend nirgends zur Einstellung der Versuchstätigkeit geführt. Wir finden im Gegenteil, daß in England wie in Amerika der lebhafte Wunsch nach einer Ausgestaltung der eigenen chemischen Industrie sich der Bedeutung der Gaskampfmittel als Vorspann bedient. Führende Persönlichkeiten streben eine chemisch-technische Entwicklung an, weil sie sich gleichzeitig militärischen Vorteil auf dem Gaskampfgebiet und kommerziellen Nutzen versprechen. Dieser Zustand der Dinge zeigt, daß die Streitfrage sich überlebt hat, ob der Text der Haager Konvention und Deklaration die Verwendung der Gaswaffen erlaubt oder nicht. Wenn sie ernsthaft mit dem geltenden Völkerrecht in Widerspruch stände, so dürften die Gründer des Völkerbundes keinen Augenblick zögern, sie abzuschaffen. Ob es jemals zu einer Neufassung des Völkerrechts kommt, die sie verbietet, wird man abwarten können. Inzwischen wird es von Interesse sein, sich über die militärisch-technischen Eigenschaften der Gaswaffen und über die Voraussetzungen ihrer Erzeugung möglichst klar zu werden.

Alle modernen Kampfmittel, obgleich sie auf den Tod des Gegners abgestellt zu sein scheinen, verdanken ihren Erfolg in Wahrheit lediglich dem Nachdrucke, mit dem sie die seelische Kraft des Gegners vorübergehend erschüttern. Die Schlachten, die über den Ausgang der Kriege entscheiden, werden nicht durch die physische Vernichtung des Gegners, sondern durch die seelischen Imponderabilien gewonnen, die in einem entscheidenden Augenblicke seine Widerstandskraft versagen und die Vorstellung des Besiegtseins entstehen lassen. Diese Imponderabilien machen aus Truppen, die ein Schwert in der Hand des Führers sind, einen Haufen verzagender Menschen. Das wichtigste Hilfsmittel der Kriegstechnik zur Hervorbringung dieser seelischen Erschütterung ist die Artillerie. Aber ihre Wirkung war begrenzt, weil die Sensation, die das Einschlagen der Granaten auf dem Zielfelde begleitete, immer von derselben Art war und eine Abstumpfung hervorbrachte. Eine Granate kann doppelt und viermal so groß sein wie eine andere, sie kann dementsprechend tiefer eindringen und fürchterlicher krachen; am Ende aber bleibt es immer dasselbe, und ein mäßiger Unterschied im Abstand von der Einschlagstelle gleicht die quantitative Verschiedenheit in der Wirkung von Detonation und Splitter aus. Die Existenz im Unterstand, den der Volltreffer durchschlagen oder verschütten kann, stellt einen entsetzlichen Anspruch an die Nerven, aber die Kriegserfahrung lehrt, daß der Anspruch ertragen wird, weil das Empfinden sich dagegen abstumpft, wie es sich gegen alles abstumpft, was als gleichartiger Reiz immer wieder auf den Menschen einwirkt.

Bei den Gaskampfmitteln liegt alles umgekehrt. Das Wesentliche bei ihnen ist, daß ihre physiologische Einwirkung auf den Menschen und die Sensation, die sie hervorrufen, tausendfältig wechseln. Jede Veränderung des Eindrucks, den Nase und Mund verspüren, beunruhigt die Seele mit der Vorstellung einer unbekannten Wirkung und ist ein neuer Anspruch an die moralische Widerstandskraft des Soldaten in einem Augenblicke, in dem seine ganze seelische Leistung ungeteilt für seine Kampfaufgabe verlangt wird.

Wir sehen in diesem Kriege, wie man einmal versucht hat, durch Steigerung der Massen zum Erfolg zu gelangen, indem man das geschleuderte Quantum an Artilleriegeschossen und das Gewicht der einzelnen Geschosse immer weiter gesteigert hat. Dieser Versuch, durch reine Massenvermehrung zu einem Erfolge zu kommen, ist nicht sehr erfolgreich gewesen. Daneben sehen wir, wie man durch qualitative Änderung der Wirkung den feindlichen Widerstand zu brechen gesucht hat, indem man zu den Gasgeschossen übergegangen ist. Am Ende des Krieges machte die Gasmunition mehr als ein Viertel der gesamten Munition aus, und sie würde noch weiter gewachsen sein, wenn nicht unsere Fertigungsmöglichkeiten an ihre Grenze gelangt wären.

Die Kriegserfahrung spricht also zugunsten der qualitativ veränderlichen Gaskampfmittel und zuungunsten einer ausschließlichen Benutzung der Brisanzmunition. Der Vorteil der Gasmunition kommt im Stellungskriege zu besonderer Entfaltung, weil der Gaskampfstoff hinter jeden Erdwall und in jede Höhle dringt, wo der fliegende Eisensplitter keinen Zutritt findet. Von besonderer Wichtigkeit sind zwei Seiten der Gaswirkung: die eine ist besonders dem Gelbkreuzkampfstoff, die andere dem Blaukreuzkampfstoff eigen – zwei Typen, die mit dem Grünkreuzkampfstoff zusammen unsere Kriegstechnik auf diesem Felde umfassen. Der Gelbkreuzkampfstoff besitzt die Eigenschaft, daß er mit den Kleidern der Menschen oder mit ihren Schuhen in enge, warme Aufenthaltsräume verschleppt, dort Erkrankungen hervorruft, indem er durch die Wärme verdunstet und dann eingeatmet wird. Da er wenig wahrnehmbar ist, so läßt sich eine solche Verschleppung kaum vermeiden. Abhilfe läßt sich nur durch Maßnahmen schaffen, die praktisch undurchführbar sind. Man kann wohl einzelne mit Gelbkreuz bespritzte Gegenstände mit Chlorkalkpulver, das man aufstreut, entgiften, einzelne Geländestellen damit vom Kampfstoff befreien, aber man kann der Kampfstoffwirkung nicht wirksam vorbeugen. Dazu müßte man Schutzanzüge schaffen, die für den Kampfstoff undurchdringlich sind und vor dem Betreten des Unterstandes samt den Schuhen abgelegt werden. Die darauf gerichteten Versuche haben gezeigt, daß man über die Ausstattung von Aufräumetrupps nicht hinausgelangt. Infolgedessen ist eine Massenbeschießung mit Gelbkreuz geeignet, ein Gelände mit seinen Schutzbauten unhaltbar zu machen. Diese chemische Waffe zwingt zum Verzicht auf den Stellungskrieg, den uns die Entwicklung der Brisanzwaffen gebracht hat. Der Blaukreuzkampfstoff anderseits wird immer verwendet in Verbindung mit einer Brisanzladung, und seine Beigabe zum Brisanzgeschoß bedeutet nichts anderes, als daß auf einen Bruchteil der Splitterwirkung verzichtet wird, um der Sprengwolke dafür eine selbständige Kampfkraft zu erteilen. Er hat den wichtigen Vorteil, daß er, ohne schwere Wirkungen hervorzubringen, den Gegner unter die Maske zwingt. Das Maß soldatischer Erziehung aber, dessen es zur richtigen Pflege des persönlichen Gasschutzgerätes, zu seiner Handhabung und vor allem zur Fortführung der Kampftätigkeit unter der Maske bedarf, ist außerordentlich groß. Eine strenge Auslese scheidet die Mannschaft, die vermöge dieser Gasdisziplin standhält und ihre Kampfaufgabe erfüllt, von der soldatisch minderwertigen Masse, die zerbröckelt und die Gefechtsposition aufgibt. Aus diesem Grunde ist der Blaukreuzkampfstoff auch im Bewegungskampfe bedeutsam geworden. Der Grünkreuzkampfstoff ist im Stellungskriege regelmäßig mit dem Blaukreuzkampfstoff verwendet worden. Die Wirkung des Blaukreuzkampfstoffes ist kurzlebig, spätestens am Folgetage ist der Betroffene wieder voll leistungsfähig: die eigentliche Wirkung ist viel früher verschwunden. Er ist lästig, nicht tödlich. Unter diesen Umständen ist der seelische Effekt kleiner als bei Mitverwendung eines Stoffes (Grünkreuzkampfstoff), dessen Einatmung den Tod zur Folge haben kann.

Diese Gesichtspunkte haben der Gasmunition trotz ihrer Abhängigkeit von Wind und Wetter die große Bedeutung verschafft. Ihre Erzeugung bei uns im Lande, die vom ersten

Versuch bis zur vollen Durchbildung ganz und nur Kriegsleistung gewesen ist – denn nichts, gar nichts war vor dem Kriege wissenschaftlich oder technisch vorbereitet –, ging lediglich von heimischen Rohstoffen aus. Alle Gaskampfstoffe, die wir verwendet haben, basierten auf der Kohle, dem Steinkohlenteer, dem Alkohol, dem Arsenik und dem Kochsalz, Stoffen, die sämtlich Erzeugnisse unseres Bodens und unserer Industrie sind und mit Ausnahme des Arseniks so reichlich bei uns vorkommen, daß nur die Leistungsfähigkeit der chemischen Anlagen, aber nicht die Masse des Rohstoffs dem Umfang der Produktion seine Grenze gesetzt hat.

Die Darlegung der Bedeutung, die der Zusammenhang zwischen dem Offizier und dem Naturwissenschaftler und Techniker besitzt, kann unzeitgemäß erscheinen. Nichts liegt uns ferner, als einen neuen Krieg zu rüsten, und was bedeutet, so kann man fragen, dieser Zusammenhang anderes wie eine Erneuerung der Kriegsvorbereitung? Ist nicht das Heer durch die Bestimmungen des Friedensvertrages, die wir angenommen haben, zu einer Art Polizeitruppe geworden, und braucht eine solche Truppe den Zusammenhang mit der Breite des geistigen Lebens, den die Kriegsorganisation der vergangenen Zeit notwendig gehabt hat? Diesem Einwand gegenüber bekenne ich mich zu der Auffassung, daß die geistige Erhöhung und Stärkung des Offizierstandes eine unentbehrliche Bedingung ist für die Erfüllung seiner Aufgabe in unserem heutigen Staate und für die Sicherung des Friedens in der Zukunft. Denn das Söldnerheer, das wir jetzt an Stelle des Volksheeres haben, das wir besaßen, birgt stets in sich die Gefahr, in politisch unruhigen Zeiten zur Prätorianergarde zu werden, wenn sein Offizierkorps nicht erfüllt und getragen ist von dem Geiste des Verständnisses für die gesamte Entwicklung der Zeit; wenn es von dem Standpunkte eines einseitigen Militarismus, abgekapselt gegen die anderen Kreise im Staat, die Verhältnisse betrachtet.

Die daraus für die Offiziersausbildung erwachsenden Aufgaben liegen in erster Linie auf sittlichem Gebiet. Aber der Erfolg ist sicherlich unzureichend, wenn nicht nach der technischen Richtung eine nachdrückliche Ergänzung erfolgt. Der Offizier muß die Bedeutung dessen, was der Krieg verlangt und was Staat, Industrie und Wirtschaft heute entbehren, in seiner vollen Tiefe erfassen, wenn er dem Land in aufgeregten Zeiten eine Stütze und nicht eine Gefahr sein soll. So kommt es, daß dieselbe geistige Erhöhung und Erweiterung, die nach einem erfolgreichen Kriege für den Offizierstand anzustreben gewesen wäre, nach dem Ausgange, den wir erlebt haben, gleich notwendig ist. Aus ihr erwächst angesichts unserer Zeit die Erkenntnis, daß die Nationen auf dem europäischen Festland nicht im Gegensatz verharren können, wenn sie in ungeminderter Volkszahl nebeneinander auf dem an Naturschätzen armen Boden des europäischen Festlandes bestehen wollen. Aus ihr entspringt die Einsicht, daß jedes Dezennium mit seinem steigenden Kohlenverbrauch und der vermehrten Veredelungsarbeit im Lande die Abhängigkeit unserer Wirtschaft von fremden Erdteilen und die Gefahren bei einem neuen Kriege steigert, in dem uns die Seemächte die Küsten sperren. Nicht der Soldat, der den Krieg versteht, macht die Gefahr für den Staat; der Soldat, der ihn nicht versteht, gefährdet seine Sicherheit, und das beste und unterrichtetste Offizierkorps ist heute die beste Gewähr des Friedens. Die Nation schuldet Ihnen, meine Herren, doppelten Dank, wenn Sie Ihre Aufgabe trotz des verlorenen äußeren Glanzes mit derselben Gründlichkeit und Tiefe auffassen, als ob Sie an der Spitze der europäischen Sieger ständen.

Das Zeitalter der Chemie, seine Aufgaben und Leistungen.

Vortrag, gehalten in der Akademie der Wissenschaften, Berlin am 10. Dezember 1921.

Der Geschichtsabschnitt, den wir durchleben, gibt der Chemie im Rahmen der Naturwissenschaften eine überragende Bedeutung für die wirtschaftliche Welt. Die Entwicklung vor dem Kriege hat diesen Zustand begründet, die Wirkung des Krieges ihn gefördert, ja überstürzt. Bei uns aber, die wir von den Völkern der Erde wegen unserer großen Menschenzahl und unserer kleinen Bodenfläche besonders stark auf industrielle Betätigung angewiesen sind und unter den Wirkungen des Krieges am schwersten leiden, tritt die Tendenz der Zeit mit ihren Ansprüchen an unsere künftigen Leistungen am schärfsten hervor.

Quelle der überragenden Bedeutung ist die Rohstoffsorge. Das vorige Jahrhundert, das das Emporblühen der Technik aus der Naturwissenschaft sah, das in den großen Industrieländern einen wundervollen Aufstieg der Wirtschaft mit Hilfe der Kohle schuf, hat von Jahr zu Jahr tiefer in die Rohstoffbestände hineingegriffen, aus denen wir von alters her unsere Bedürfnisse zu befriedigen gewohnt waren. Die Erde schien unendlich reich an Erzen, aus denen sich die wertvollen Schwermetalle mit leichter Mühe gewinnen ließen. Die Lager an Rohstoffen für die Düngerindustrie galten für unerschöpflich, die Erdölquellen für grenzenlos ergiebig. Das Glück der Menschen und die Aufgabe der naturwissenschaftlichen Technik schienen darin zu gipfeln, daß wir sie nachdrücklicher auszubeuten lernten. Der Massenverbrauch gleichbleibender Rohstoffe rückte die gestaltenden Zweige der Technik, die auf der Physik ruhen und die Stoffe unserem Gebrauche dienstbar machen, ohne sie chemisch umzubilden, in den Vordergrund des allgemeinen wirtschaftlichen Lebens. Sie schufen die Brücken des Verkehrs über die ganze Erde und erfüllten unsere Welt mit wundervollen elektrischen Einrichtungen.

Nicht, daß die Chemie an Rang ihrer Leistungen dahinter zurückgeblieben wäre. Im Gegenteil! Sie leuchtete unter den technischen Zweigen durch eine bestechende Fülle fruchtbarer wissenschaftlicher Erkenntnisse. Sie entwickelte die alten Formen stofflicher Umbildung zu großen technischen Prozessen und sie schuf in unserem Lande aus dem Steinkohlenteer eine neue weltbeherrschende Industrie. Ja, es war ein besonderer eigener Glanz um sie, weil sie an einer zugänglichen und wichtigen Stelle die Natur überholte, weil sie bei den Farbstoffen, die die Natur nach wenigen einfachen Rezepten bildet, einen neuen Regenbogen hervorzauberte, dessen Schattierungen an Beständigkeit und Schönheit die Pflanzenfarben übertrafen. Sie entsprach auf das vollkommenste einem Zeitalter, das seine Aufgabe darin sah, uns zu Bedürfnissen zu erziehen, weil sein wissenschaftlicher Stand erlaubte, sie auf industriellem Wege zu befriedigen.

Die ersten Wolkenschatten fielen auf diese strahlende Welt, als die Geologie daran ging, ein Inventar der Rohstoffe in der Erdrinde aufzunehmen, Verbrauch und Vorrat zu vergleichen, und der Zweifel kam, ob die Erde unserem Zugriff die bereiten Schätze für den jährlich steigenden Massenverbrauch auch ständig darbieten würde. Dem steigenden Massenverbrauch aber war nicht Einhalt zu tun, weil die Lebenserleichterung, mit der die technische Leistung zuerst beglückte, zum Lebensanspruch wurde, zur Forderung, die jeder erhob, und die in der Welt des sozialen Friedens jedem zuerkannt und erfüllt werden mußte. Die Erkenntnis dämmerte, daß das goldene Zeitalter nicht ewig dauern würde, in dem die Technik erzeugte, was der systematische Fortschritt der frei schaffenden Wissenschaft ihr ermöglichte, und die Wirtschaft aufnahm, was die Technik hervorbringen konnte. Die Rohstoffrage wuchs als ein

Dornengestrüpp im Garten der Wirtschaft empor, das unsere Schritte schmerzhaft zu hemmen drohte, wenn die Wissenschaft nicht rechtzeitig und wirksam zu lehren verstand, andere verbreitetere Bestandteile der Erdrinde in unseren Dienst zu nehmen. Die Ahnung wurde lebendig, daß die Naturwissenschaft nicht nur Selbstzweck ist und um dessentwillen unter den Menschen erhalten wird, sondern daß sie große Pflichten gegen das allgemeine Leben hat, weil dessen Bedürfnisse letzten Endes aus ihr erflossen sind.

Aber das sahen zu Anfang des Jahrhunderts nur wenige, bis der Krieg kam und die Rohstoffsorge jedem handgreiflich fühlbar wurde. Jetzt merkte man, was für ein Netz feinster Fäden wir kunstvoll über die Erde gespannt hatten, um überall die Rosinen aus dem Rohstoffbrei herauszufischen, dessen große Masse uns nach unserem wissenschaftlichen Stande vorerst nicht wirtschaftlich schmackhaft war. Unter dem zerrissenen Gewebe dieser Fäden schaute die nackte Not hervor und schrie nach Ersatz für die Schwermetalle, für die Düngerrohstoffe, für das Erdöl.

Die zeitgeschichtliche Führerstellung der Chemie war auf einmal klar, denn die gestaltenden Zweige der Technik waren lahmgelegt ohne die chemische Leistung, die ihnen Verarbeitungsmaterial aus neuen Quellen zur Verfügung stellte. Was die Chemie unseres Landes angesichts dieser Aufgabe vermocht hat, ersehen wir aus dem Bestreben des unfreundlichen Auslandes, ihre Blüte in Deutschland jetzt in der Nachkriegszeit zu beschneiden. Welche Unvollkommenheit der Leistung aber anhaftete, das lehrt uns auf der anderen Seite der Mißklang, der dem Worte „Ersatzstoff" seit dem Kriege anhaftet, und das vielfältige Bestreben der Gegenwart, zu den alten Rohstoffen zurückzukehren. Als die Chemie im vorigen Jahrhundert das synthetische Alizarin als Ersatz für den Farbstoff der Krappwurzel schuf, als sie den synthetischen Indigo als Ersatz für das Erzeugnis der tropischen

Pflanzungen einführte, da war kein Mißklang bei dem Worte „Ersatz", und das überholte ältere Material verschwand still vor dem neuen Erzeugnis. Im Krieg aber war der Stand der Chemie auf wichtigen Teilgebieten nicht reif für die Umstellung, die der gebieterische Augenblick verlangte.

Jetzt ist der Krieg vorbei, aber die goldene Welt des wirtschaftlichen Überflusses kehrt nicht zurück. Die Fäden des zerrissenen Netzes knüpfen sich nicht wieder. Hindernisse von sehr ungleicher Art, aber von gleich schwerwiegender Bedeutung sperren den russischen Osten, die überseeischen Tropen.

Die Bedürfnisse des Friedens sind andere als die der Kriegszeit, aber gemeinsam ist beiden, daß neue chemische Notwendigkeiten als Zwangsaufgaben der Wissenschaft und Technik vor uns stehen und die Entwicklung unserer Wirtschaft und unseres Lebens bestimmen.

Glücklich geartete Menschen trösten sich mit der Zuversicht, daß dieser Zustand nicht lange dauern und die allgemeine Einsicht der Menschen in den gemeinsamen Vorteil zum freundschaftlichen Ausgleich aller Wirtschaftsnöte führen wird. Wer aber nüchtern denkt, dem kommt die Erinnerung, daß es nach den Napoleonischen Kriegen ein halbes Menschenalter gedauert hat, bis der erste Lichtschein wirtschaftlicher Erholung in unserem Lande aufdämmerte, und er kann sich nicht dem Ausblick entziehen, daß die Periode des Entbehrens diesmal noch dauernder und schwerer sein wird, weil wir nicht die Rücksicht erfahren, die dem besiegten Frankreich vor 100 Jahren zuteil geworden ist, weil wir für das verarmte Ausland den Esel machen müssen, aus dem der Treiber das letzte herausholt, was das Tier eben hergeben kann. Denn er, der Treiber, will von ihm leben.

Die strenge Zeit ist da, die wir am Anfang des Jahrhunderts höchstens als ferne Möglichkeit für künftige Geschlechter gefürchtet haben, und sie wird dauern, bis wir neue Schätze aus dem einzigen Reichtum geholt haben, der uns im wesentlichen unvermindert geblieben ist, aus unserer Arbeitskraft. Was wir mit den 30 Milliarden Arbeitsstunden vollbringen, die unser Volk jahraus, jahrein zur Wirtschaft der Welt beisteuert, das bestimmt unsere Zukunft. Den Nutzinhalt der Arbeitsstunde zu erhöhen, das ist der Weg unserer Wiederaufrichtung. Dieser Nutzinhalt aber hängt ganz ab von unserem wissenschaftlichen Können und von der wirtschaftlichen Leistung, die auf dieses Können gebaut ist.

Und darum wollen wir von der Wissenschaft reden, von ihren Leistungen und von ihren Aufgaben.

Wir haben einen arbeitswissenschaftlichen Versuch größten Stiles hinter uns, um diesen Nutzinhalt zu erhöhen. Wir haben im Kriege und in der ersten Zeit nach dem Kriege uns bemüht, den Nutzeffekt der Gesamtheit des Volkes zu steigern, indem wir von Staats wegen das gesamte wirtschaftliche Tun in ähnlicher Art gliedern und gestalten wollten, wie es das Taylorsche System mit der Handarbeit in den einzelnen Fabriken getan hat. Wir haben in unseren Gedanken dem Bilde des freien Wirtschaftslebens, in dem tausend Kräfte sich kreuzen und darum aufheben, den unerhörten Erfolg gegenübergestellt, den eine systematische Ordnung der gesamten Volksarbeit ergeben müßte. Aber wir sind bei dem Versuche der Verwirklichung auf ungeheure Hindernisse gestoßen. Wir haben gesehen, daß eine solche systematische Ordnung der gesamten Volkswirtschaft nach dem Gefühl unserer Zeit in unausgleichbaren Widerspruch tritt mit dem Bedürfnis persönlicher Freiheit, das in uns lebt und die Quelle bildet für Unternehmungsgeist und Tatkraft. Das Gelingen dieses Versuches fordert ein neues Geschlecht, das den Ordnungszwang in seinen Willen aufzunehmen und in unbekannter Art persönliche Initiative und individuelle

Freiheit bei dem allgemeinen Zwangszustand der Wirtschaft festzuhalten vermag.

Angesichts dieser Erfahrung wollen wir die Arbeitswissenschaft beiseite lassen und von der Naturwissenschaft reden.

Verstehen wir ihre Aufgabe recht und ausreichend, wenn wir von ihr die Angabe neuer Wege fordern, um statt der sparsam vorkommenden und allmählich selten werdenden Schwermetalle die Leichtmetalle der Wirtschaft zuzuführen, die aus den Massenbestandteilen der Erdrinde hervorgebracht werden können? Ist es ihr Ziel, neue, mehr verbreitete, aber ärmere und darum schwieriger nutzbar zu machende Vorkommen von Düngerrohstoffen für die Wirtschaft aufzuschließen, das Erdöl durch den Teer der festen Brennstoffe zu ersetzen, kurz, im großen wie im kleinen die drückende Rohstoffsorge zurückzuschieben? Fällt das ganze Gewicht darauf, daß wir neue Prozesse ersinnen, um Metallegierungen und Waschmittel, Schwefel und Treiböl, Anstrichfarben und Lacke in neuer Art herzustellen und damit einen neuen industriellen Aufschwung zu wecken? Sicherlich sind diese Aufgaben für die Wirtschaft von der größten Wichtigkeit und Dringlichkeit. Aber wie arm wären unsere Gedanken, wie kurzsichtig unser Auge, wenn wir vom wissenschaftlichen Standpunkte aus mehr darin sähen als die ersten Ziele. Wie wenig würden wir den sozialgeschichtlichen Sinn der Zeit verstehen, die wir durchleben. Denn wenn wir alle diese Ziele restlos erreicht hätten und nichts Weiteres könnten, würden wir, ins Ganze gesehen, darum reicher und glücklicher sein? Ein Vorsprung, den wir auf diesem Wege vor den wettbewerbenden Völkern erreicht hätten, würde uns helfen, die wirtschaftlichen Lasten abzulösen, die von ihnen auf unsere Schultern gehäuft worden sind. Aber der Erfolg würde dadurch ausgeglichen sein, daß wir alle insgesamt in größere Nöte versenkt wären. Die Welt wäre in eine Fabrik verwandelt, die Arbeit noch mehr als heute mechanisiert, und der innere Unfriede, der von beiden unzertrennlich ist, auf einem Gipfel.

Die industriellen Gliedmaßen des Volkskörpers werden hypertrophisch durch Einseitigkeit des naturwissenschaftlichen Fortschrittes, der den Körper speist. Wir nähren diesen Körper einseitig mit Kenntnissen von der unbelebten Natur, weil die Gesetze der unbelebten Natur die einfacheren und zugänglicheren sind. Bei ihnen hat die Entwicklung der Wissenschaft angefangen, weil sie nicht anders konnte. Aber die Dienstbarmachung der unbelebten Natur ist nur die erste Aufgabe. Denn wir leben von der Sonne, die uns nährt und kleidet, und der glücklichere Zustand der Menschen ist letzten Endes nur erreichbar durch eine Ausdehnung unserer Herrschaft über die belebte Natur, durch eine Vervollkommnung unserer Einsicht auf dem Felde der Biologie, die die Vermittlerin ist zwischen unserer Lebensquelle und unseren größten und einfachsten Lebensbedürfnissen.

Nicht, daß wir die Leistung der Biologie in der Vergangenheit und Gegenwart unterschätzen dürften! Haben nicht der Züchter und der Landwirt, die in den Fußtapfen der Biologie gehen, der Menschheit größere Werte erobert als alle Wissenschaft der unbelebten Natur und alle Technik, die sich darauf gründet? Die Einbürgerung der Kartoffel und der Zuckerrübe auf unserem Boden sind wirtschaftsgeschichtliche Umwälzungen von unerhörter Bedeutung gewesen, und eine neue solche Umwälzung liegt nicht außer dem Bereiche der Möglichkeit. Sie wäre z. B. gegeben, wenn es uns gelänge, auf der geographischen Breite Süddeutschlands irgendwo im östlichen Asien eine Form der Sojabohne zu finden, die unserem Klima etwas besser angepaßt wäre als die bekannten Formen, so daß ihre Frucht mit ihrem hohen Reichtum an Eiweiß und Fett bei uns nicht nur im Garten gedeihen, sondern auf dem Acker mit gutem Ertrage zur Reife kommen könnte. Und sehen wir nicht täglich den Erfolg, den der Fortschritt der Biologie auch ohne solche vereinzelte Glücksgriffe uns zuführt? Ständig vermehrt sich der Ertrag unserer Felder, weil die Biologie uns lehrt, die Pflanzen so zu ziehen, daß der verdauliche Anteil gegenüber dem unverdaulichen Stroh größer wird. Bis in jeden Bauernhof ist jetzt diese Erkenntnis von der Bedeutung des Saatgutes gedrungen. Und dieser Fortschritt ist bei weitem nicht abgeschlossen, wenn er auch natürliche Grenzen darin findet, daß die Pflanze sich nicht ohne das Gerüst unverdaulicher Stoffe, die ihren Blättern und Stengeln Halt und Festigkeit geben, aus dem Boden heben, entwickeln und Frucht tragen kann. Und wer möchte an dem Gewinn zweifeln, den sie uns auf dem Felde der Schädlingsbekämpfung rasch zu bringen verspricht, wenn das allgemeine Interesse diese Richtung ihrer Forschung unterstützte! Wir haben nach dem Kriege unsere Forsten hilflos dem Kiefernspinner preisgegeben. Wir bemühen uns ohne Erfolg, unsere Rübenböden von der Nematode, unsere Weinberge vom Heu- und Sauerwurm frei zu halten, weil unsere biologische Kenntnis bisher zu klein ist, um Auskunftsmittel, mit denen wir früher der Ausbreitung der Schädlinge Schranken gezogen haben, zu vervollkommnen und veränderten Wirtschaftsbedingungen anzupassen. Wir bezahlen die Gleichgültigkeit gegenüber diesen biologischen Aufgaben jährlich mit Milliarden Werten aus unserem Bodenertrag. Unser Ehrgeiz, der sonst so rege ist, hat auf diesem Felde die Führung an die Vereinigten Staaten abgetreten und wir verdienen uns vor der Welt nachgerade den Spott, daß wir das Land des madigsten Obstes sind.

Aber allen Könnens unbeschadet, ist die Biologie heute nicht imstande, die Aufgaben unserer Zeit und insbesondere unseres Landes auf ihre Schultern zu nehmen. Die Führung liegt vorerst bei der Chemie, von der die Biologie im Wissenschaftlichen wie im Technischen abhängig ist: im Wissenschaftlichen, weil die stärkste Wurzel biologischer Einsicht, die über die vergleichende Beschreibung und die Erkenntnis statistischer Gesetze hinausgreift, in der Einsicht in die chemischen und physikalisch-chemischen Vorgänge der Zelle liegt; im Technischen, weil der unbelebte Boden, von dem die Pflanze lebt, sich heute nur mit chemischen und nicht mit biologischen Hilfsmitteln zu erhöhter Fruchtbarkeit bringen läßt.

Die größte Aufgabe der Chemie aber erkennen wir nun darin, die stofflichen Formen und die Gesetze ihrer Wechselwirkung aufzuhellen, die die Grundlage der Lebensvorgänge ausmachen.

Wir gedenken bewundernd der Leistungen großer Männer, die in den letzten 50 Jahren die organische Chemie in unserem Lande zu solcher Höhe gehoben haben, daß sie in der Welt fast als eine deutsche Wissenschaft gilt, und fragen zunächst nachdem Stande, zu dem uns diese glanzvolle Periode geführt hat. Dank ihrer Arbeit kennen wir den Aufbau überaus wichtiger Erzeugnisse der belebten Natur. Sie hat den Fetten, deren Aufbau uns eine ältere Periode des wissenschaftlichen Lebens kennengelehrt hat, die Kenntnis vom Aufbau des Zuckers und des Eiweißes, der Pflanzenfarbstoffe und der Gerbstoffe hinzugefügt Auf dem ungeheuren Felde der Lebenserzeugnisse hat sie mit dieser Kenntnis überall Marksteine gesetzt. Aber indem sie uns diese mächtige Einsicht vermittelte, ist sie uns eine noch größere schuldig geblieben. Denn indem sie die Stoffe abbaute, die die Natur lieferte, und mit wundervoller Kunst die Bausteine wieder zusammensetzte, ist sie nicht auf den Wegen gegangen, auf denen die Natur den Auf- und Abbau vollzieht. Sie hat mit dem Messer des Chirurgen so kunstvoll die Naturerzeugnisse zerlegt, die Bruchstücke einzeln studiert und dann mit Draht und Heften so vollkommen wieder zusammengefügt, daß die synthetischen Gebilde sich von dem natürlichen Erzeugnis in keinem Merkmal unterscheiden. Aber der Weg, auf dem die Natur sie bildet, ist bei diesem Vorgehen verborgen geblieben. Die lebende Natur, die weder hohe Temperaturen noch starke chemische Reagenzien kennt, von chemischen Umsetzungen mit großer Energie zu ihrem Bestande kaum eine zählt, außer der Oxydation durch den Sauerstoff der Luft, die zu ihren Prozessen von den 87 Grundstoffen der Erde nur einen winzigen Bruchteil benutzt, vollbringt mit diesen kleinen Hilfsmitteln spielend und mit glänzender Ausbeute die synthetischen Aufgaben, die wir mit dem ungeheuer viel reicheren Arsenal mächtigerer chemischer Hilfsmittel bisher nur mit der größten Bemühung und selten mit quantitativ befriedigendem Ergebnis erreichen. Die Entwicklung der Wissenschaft läßt uns diesen Zustand verstehen. Die Axt des Holzhauers und die groben Späne, die sie liefert, zeigen einfachere Merkmale als die feinen Schnitte des Rasiermessers. So mußte die Chemie der einfachen Stoffe und der gewaltsamen Reaktionen uns zuerst vertraut werden. Das Leben aber beruht nicht auf diesen Vorgängen, und die Nachahmung seines Geschehens mit ihrer Hilfe ist so naturfremd, wie die Nachbildung von Sonnenstäubchen durch die Detonation einer Granate. Das Kennzeichen des Lebens ist das Entstehen und Verschwinden von hundert Stoffen, die durch kleine Energieunterschiede voneinander getrennt sind und durch die gelindesten Mittel zu rascher Wechselwirkung gebracht werden. Es war eine unerhörte Kunst, mit den groben Mechanismen, die wir kennengelernt haben, auf naturfremdem Wege die wichtigsten Naturerzeugnisse aufzubauen. Jetzt galt es, die feineren Mechanismen zu erkennen und nachzubilden, mit deren Hilfe die Natur im Tier- und Pflanzenkörper unendlich leichter, unendlich graziöser dieselben chemischen Ergebnisse erreicht. Wir haben zu lernen, wie sich der Zucker mit Hilfe des Lichtes bei gewöhnlicher Temperatur aus Kohlensäure und Wasser zu bilden vermag, wie unter den Existenzbedingungen der Pflanze die Zuckermoleküle sich zum Zellstoff vereinigen, die Glucoside entstehen und das Eiweiß hervorgebracht wird. Der erste entscheidende Schritt auf diesem Gebiete wird, soviel wir heute sehen können, getan sein, wenn uns die Aufklärung des Aufbaus einer bestimmten Stoffgruppe gelingt, die wir Enzyme nennen. Seit der Entdeckung, daß die Gärung der Hefe nicht von einer unbekannten Lebenskraft bedingt wird, sondern von einem seltsamen Stoff herrührt, der in ihr vorkommt und ihre Zerstörung überdauert, haben wir hundertfältig solche Enzyme kennengelernt, die die Brücke abgeben, über die Spaltung und Synthese im Pflanzen- und Tierkörper ihren rätselhaft leichten Fortgang nehmen. Wir verstehen diese Enzyme aus den Zellen und Körperflüssigkeiten herauszuholen. Wir arbeiten mit ihnen wie mit den Stoffen der Chemie, deren Aufbau uns vertraut ist. Mit ihrer Hilfe haben wir im Kriege den unerwartetsten Fortschritt gemacht. Als der Anspruch der Heeresverwaltung an Glycerin für das Treibpulver unserer Geschütze unsere armseligen Fettbestände vollends der Ernährung zu entziehen und die Nahrungsmittelknappheit ins Unerträgliche zu steigern drohte, da hat die enzymatische Chemie den Ausweg gefunden, den Zucker zu Glycerin zu vergären und damit die Fette der Volksernährung zu erhalten.

Wir kennen auch die physikalischen Gesetze, nach denen die enzymatischen Vorgänge geschehen und wissen den Verlauf der Enzymwirkungen mit Hilfe derselben allgemeinen Gleichungen darzustellen, denen sonst chemisches Geschehen folgt. Aber wir sind nicht viel weiter durch die Einsicht, daß der radioaktive Verfall der Atome und die Verdauung im Hundemagen derselben Differentialgleichung genügen. Denn wir wissen nichts vom Aufbau der Enzyme, weil die beiden physikalischen Hilfsmittel zur Abtrennung und Reinigung chemischer

Stoffe, mit denen die organische Chemie ihre vergangenen Erfolge erreicht hat, die Destillation und die Kristallisation, bei ihnen versagen und neue physikalische Hilfsmittel erst ausgebildet werden müssen.

Es ist ein unverbrüchlicher Zusammenhang zwischen den physikalischen Hilfsmitteln und den chemischen Fortschritten. Jeder große Fortschritt der chemischen Wissenschaft knüpft sich an ein neues physikalisches Können, das in ihren Dienst tritt. Die Wage und das Spektroskop, die galvanische Kette und der elektrische Lichtbogen, die Luftverflüssigung und die Röntgenstrahlen haben mit ihrem Eintritt in die Chemie ihr jedesmal eine neue Welt eröffnet. Für die Entwicklungsperiode des Faches, in der wir stehen, ist der Versuch und die Hoffnung kennzeichnend, die Oberflächenkräfte der fein verteilten Stoffe, von denen die Kolloidchemie handelt, so weit beherrschen zu lernen, daß wir mit ihrer Hilfe die Trennungen und Reinigungen dort vornehmen können, wo die bisherigen Hilfsmittel der Kristallisation und Destillation versagen. Die Entwicklung der Kenntnis von den einfachen Stoffen und ihren gewaltsamen Umsetzungen hat als ihr notwendiges Seitenstück die physikalisch-chemische Lehre von dem Existenzbereich der Stoffe, ihrem Gleichgewicht und ihrer Umsatzgeschwindigkeit geschaffen. Jetzt sehen wir Seite an Seite mit der biochemischen Entwicklung aus einigen Tatsachen, die für die frühere Zeit auffallende und störende Begleiterscheinungen geläufiger Umsetzungen waren, eine neue Chemie der Oberflächenkräfte sich entwickeln. Für die ältere Betrachtungsweise schien alles chemisch bemerkenswerte Verhalten durch den Einblick in die Kräfte verständlich zu werden, die die Bestandteile eines Moleküls aufeinander ausüben. Die wissenschaftliche Betrachtung sah die Stoffe so an, als ob ihr Reaktionsverhalten lediglich durch Art und Anordnung der Atome im Molekül bestimmt sei. Das war für die Gase, deren Studium den Ausgangspunkt alles chemischen Wissens gebildet hatte, vollständig richtig. Für die Flüssigkeiten und die festen Stoffe bildete es eine Näherungsannahme, die um so besser stimmen mußte, je gröber die Verteilung war und je mehr deshalb die an der Oberfläche gelegenen Teilchen an Zahl zurücktraten gegen diejenigen, die die Masse der Körper ausmachten. Man merkte wohl, daß die Betrachtung für die feinsten Tröpfchen und Körnchen nicht genügte, die zwischen den sichtbaren Massen und den Molekülen alle Zwischengrößen bilden können, aber man sah an diesen Gebilden vorbei und man konnte dies mit um so mehr Berechtigung tun, als in der synthetischen wie in der physikalischen Chemie der gewaltsamen Umsetzungen ihr Auftreten nur eine geringe Bedeutung hatte. Waren doch die Oberflächenkräfte gegenüber den großen Molekularkräften bei diesen gewaltsamen Umsetzungen untergeordnet. Seit aber mit den biochemischen Aufgaben die Welt der Stoffe in den Vordergrund tritt, die geringe Energieunterschiede haben und gern in feinster, die Grenze der Auflösung durch das Auge übersteigender Verteilung auftreten, wird die Kolloidchemie auf einmal von ausschlaggebender Bedeutung.

Ein Schnittpunkt ihres Weges mit der Straße der synthetischen Biochemie liegt beim Studium des Aufbaus der Enzyme.

Noch immer ist auf dem Gebiete der Chemie der Kenntnis des Aufbaus die Synthese der Stoffe gefolgt, noch immer hat die Synthese mannigfachere Stoffe geliefert als die Natur selbst hervorbrachte. Das Register der künstlich dargestellten anorganischen Verbindungen, der synthetischen Abkömmlinge des Erdöls und der Kohle, ist viele Male größer als ihre natürliche Mannigfaltigkeit. Den begrenzten Reichtum der Natur aber auf dem Felde der Enzyme durch neue Formen zu erweitern, heißt unverdauliches Erzeugnis des Bodens in Nährstoffe verwandeln und die Lebensvorgänge unter unsere Herrschaft bringen.

Nun sehen wir die doppelte Natur der Aufgabe und der Gesichtspunkte für die Entwicklung der Chemie. Das Bedürfnis des Augenblickes, dem die Wissenschaft immer nur auf Grund des bereiten Standes ihrer Erkenntnisse und Hilfsmittel genügen kann, schreibt ihr vor, sich auf dem Felde der lebensfremden Umsetzungen um neue Hilfsmittel für unsere wirtschaftliche Welt zu bemühen. Die Welt der unerwarteten Erfolge aber, deren Auswirkung das Zeitbild ändert und die allgemeine Ordnung der Dinge über das Augenmaß der Gegenwart hinaus umgestaltet, eröffnet sich durch die Verfolgung der biochemischen Ziele. Wir aber wollen weiter fragen, ob auf dem Felde unseres primitivsten Lebensbedürfnisses, der Ernährung, nichts dazwischen liegt, ob in dem Zwischenbereiche nicht Leistungen und Ziele bestehen, die der einen Welt angehören und zugleich schon der anderen? Und damit kommen wir zu dem Erfolge der Chemie und zu ihren unmittelbaren Aufgaben für den Feldbau. Der mächtige Schatten Justus v. Liebigs steigt vor uns auf, wir gedenken des heiteren Bildes, das Fritz Reuter in seiner „Stromtid" von der wuchtigen Wirkung seiner Ideen auf die zeitgenössische Landwirtschaft gemalt hat. Seitdem ist das Kali aus den Staßfurter Gruben, die Phosphorsäure aus den Phosphatlagern des Stillen Ozeans, des nördlichen Afrikas und der südlichen Vereinigten Staaten, der Stickstoff aus der chilenischen Wüste als ein Strom des Reichtums und Segens auf unsere Felder geflossen. Zu dem chilenischen Stickstoff kam der Stickstoff der Kohle, den die Kokereien gewannen, indem sie das Ammoniak aus den Gasen herauswuschen, die bei der Destillation der Kohle entstehen. Die Landwirtschaft überzeugte sich, daß sie für jedes Kilo Stickstoff, das sie dem Hektar als künstlichen Dünger zuführte, einen Mehrertrag von 20 kg Getreide zu verzeichnen hatte und wetteiferte im Verbrauch mit der zunehmenden chemischen Erzeugung bei der Verkokung der Kohle. Im Anfang unseres

Jahrhunderts stand es so, daß die deutschen Kokereien für unser heimisches Bedürfnis die kleinere Hälfte beitragen; die andere, größere Hälfte ließ sich auf diese Weise nicht gewinnen, weil die Kohle nicht um wenige Tausendstel ihres Gewichtes an Stickstoff verkokt werden konnte. Die Rohstoffquelle in Chile aber drohte bei dem jährlich rasch steigenden Bedarfe in so naher Zeit zu versiegen, daß um Lebens und Sterbens willen andere Quellen gefunden werden mußten. Nun war die seltsame Lage, daß der Stickstoff überall in unbegrenzter Menge als Element zur Verfügung stand. Auf jedem Quadratmeter der Erdoberfläche lastet er als Luftstickstoff im Gewicht von acht Tonnen. Das ist millionenmal mehr, als der Ernteertrag des Quadratmeters in gebundener Form enthält. Aber dieser allgegenwärtige Luftstickstoff, der jedermanns Gut ist und der von dem beigemengten Sauerstoff mit kleiner Mühe zu trennen ist, wird von der Pflanze nicht aufgenommen. Er muß an andere Elemente gebunden werden, ehe die Pflanze ihn verwenden kann, und diese Bindung ist schwierig zu bewirken. Diese Schwierigkeit ist eine sehr tiefgreifende. Sie liegt in der Festigkeit begründet, mit der die beiden Stickstoffatome im elementaren Stickstoff zum Molekül vereinigt sind. Man versteht ihre Bedeutung, wenn man das Verhalten des Stickstoffs mit dem des Sauerstoffs und mit dem des Chlors vergleicht. Für den Chemiker kennzeichnen diese drei Gase drei verschiedene Welten. Im Bereich der gewöhnlichen Temperatur ist das leicht spaltbare Chlor von augenblicklicher Wirksamkeit auf die meisten Stoffe, die damit überhaupt in Verbindung zu treten vermögen. Der Sauerstoff reagiert träge, der Stickstoff ist ohne Wirkung. Tausend Grad darüber baut sich die chemische Welt der Gelbglut auf, in der der fester gefügte Sauerstoff so schnell und gewaltsam seine Verwandtschaftskräfte zu betätigen vermag wie das Chlor bei gewöhnlicher Temperatur. Noch tausend Grad höher beginnt die Welt des Stickstoffs, in der auch dies trägste Gas spielend aus dem elementaren Zustand in die Verbindungsformen eintritt, die die Pflanze verbrauchen kann. Die Natur verwirklicht diese Welt der höchsten Temperaturen in einem schmalen Ausschnitt auf der Bahn des Blitzes. Auf ihr bindet sich der Stickstoff an den Sauerstoff und kommt mit dem Regen nieder auf die Felder. Aber die Gewitter sind zu selten, die Zufuhr des gebundenen Stickstoffs aus dieser Quelle erreicht nur wenige Kilo pro Hektar im Jahre, nur wenige Prozente des Stickstoffbetrages, den eine reiche Ernte aus dieser Fläche entnimmt. Darum hat man zunächst den Blitz nachgebildet, indem man mächtige elektrische Entladungen durch zwangsweise geführte Luft geschickt und die entstehenden Stickstoffverbindungen im regelmäßigen Fabrikationsgang als Nitrate für den Gebrauch auf dem Acker herausgewaschen hat. Im Anfang des Jahrhunderts schien dies das verheißungsvollste Verfahren. Aber dann kam ein Hemmnis. Die elektrische Ladung zerschlägt die Verbindungen, die sie aus Stickstoff und Sauerstoff schafft, auch wieder in die Elemente, und das Verhältnis von Verbindungsbildung und Verbindungszerfall läßt sich nicht günstig gestalten. Theorie und Erfahrung lehren übereinstimmend, daß man mit großem Kraftaufwand nur einen kleinen Ertrag an gebundenem Stickstoff, außerordentlich verdünnt mit überschüssiger Luft, erhalten kann. So hat dieses hoffnungsvolle Verfahren nicht die erwartete Bedeutung gewinnen können und ein anderes trat in den Vordergrund. Wir können Kalk und Kohle im Lichtbogen zu Calciumcarbid zusammenschmelzen. Diese Verbindung nimmt den Stickstoff verhältnismäßig leicht aus der Luft auf und liefert den Kalkstickstoff, der, auf den Acker geführt, der Pflanze als Nahrung dient. Dies erwies sich trotz der hohen, auch hier benutzten Lichtbogentemperatur als ein sparsamerer Weg und diese Kalkstickstoffdarstellung ist zu großer Bedeutung gelangt. Noch umfangreichere Verwendung hat das jüngste Verfahren gefunden, bei dem der Stickstoff schon bei 500–600° mit dem Wasserstoff zur Vereinigung gebracht wird, indem beide unter hohem Druck über Metalle geleitet werden, deren Kontaktwirkung die Verbindung beschleunigt. Das merkwürdige dieses Falles besteht darin, daß das Gebiet der hohen Temperaturen hier gar nicht betreten und die Reaktionsträgheit des Stickstoffs schon an der Schwelle der Rotglut überwunden wird. Dadurch wird der Kraft- und Kohleverbrauch besonders klein, und das ist der Punkt, an dem wir zur Zeit mit der Stickstoffbindung technisch halten. Wir dürfen schwerlich dort stehen bleiben. Nicht, daß ich in diesem Zusammenhange der Variante des Hochdruckverfahrens Bedeutung beilegte, die von dem nationalen Gegensatze getragen, heute in Frankreich als selbständiges Verfahren ihren Weg sucht. Aber die Natur kann mehr als wir und zeigt uns, daß wir bei fortgeschrittener Kenntnis weder die Temperatur von 500–600°, noch den hohen Druck nötig haben werden. Wenn wir den Stickstoffinhalt nachrechnen, den die Vollernte des Jahres 1913 den damaligen 35 Millionen Hektar deutschen landwirtschaftlichen Bodens entzogen hat, so finden wir, daß Stallmist und die artverwandten Naturdünger Blutmehl und Knochenmehl zusammen mit dem Stickstoff, der als Saatgut in den Boden gelangt ist, und mit dem Stickstoff, den ihm die Gewitter zugeführt haben, nur 25 % der entzogenen Menge ausgemacht haben. Neun Prozent haben wir als Ammoniak und als Salpeter zugeführt, den Rest von 66 % des Entzuges aber hat die Natur durch biochemische Reaktionen gedeckt, die uns so fremd und unserem Können so überlegen sind, wie die Wege der Natur, die zum Zucker und Eiweiß, zu den Gerbstoffen und Farbstoffen führen.

Von dieser Tatsache aus wird die Wissenschaft künftig einmal den neuen Weg finden. Wir müssen uns mit dem bescheidenen Stolze begnügen, daß unser Können ausgereicht hat, um unser Land in dem vergangenen Kriege vor dem schlimmsten

Stickstoffhunger zu bewahren und daß es uns jetzt ermöglicht, unabhängig von fremder Zufuhr, aus uns selbst heraus, den Stickstoffbedarf unseres Bodens zu decken. Die Klippe im Fahrwasser unserer Rohstoffwirtschaft, die drohende Erschöpfung der Chilenischen Lager, ist umfahren. Aber hinter diesem Erfolg der angewandten physikalischen Chemie erhebt sich alsbald eine neue Aufgabe.

Die Pflanze braucht außer dem Stickstoff als wichtigste Nährstoffe Phosphorsäure und Kali. Wir sind in unserem Land an Kali reich, im Verhältnis zum Bedürfnis vorerst unbegrenzt reich, aber die Phosphorsäure fehlt uns. Wir sollen 250 Kilotonnen von ihr in Form von Thomasmehl und von Superphosphat auf die 30 Millionen Hektar unserer derzeitigen landwirtschaftlichen Fläche als Jahreszufuhr ausschütten, um das Defizit zu decken, das die Phosphorsäureentziehung durch die Ernte gegenüber der Phosphorsäurezufuhr durch den Stallmist und die anderen kleineren landwirtschaftlichen Zufuhrquellen ergibt. Unsere Thomasmehlherstellung hat einen schweren Rückgang erfahren, unsere Superphosphatindustrie krankt an dem Mangel heimischen Rohmaterials, und wir wissen nicht, woher wir in unserer Lage den Phosphor nehmen sollen.

Freilich, so ganz genau trifft diese Darstellung nicht zu. Es ist nur eben beim Phosphor die Lage in einer wichtigen Hinsicht dieselbe wie bei einigen Schwermetallen. Beim Zink und beim Blei, beim Kupfer, Silber und Gold verlangen wir, daß die örtliche Anreicherung gegenüber dem Durchschnittsgehalt der Erdrinde auf das Dreitausendfache bis Zehntausendfache geht, ehe wir dem Vorkommen die Eigenschaft eines abbauwürdigen Lagers zuerkennen. Beim Zinn, beim Nickel und Chrom sind wir bescheidener und begnügen uns mit dem fünfzehnten Teil dieser Anreicherung. Aber immer sind nur die Rosinen der Gegenstand unseres Interesses, und wir rühren den Kuchen nicht an, solange wir noch Rosinen herauspicken können.

Nicht anders beim Phosphor. Die Phosphorsäure macht von unserer festen Erdrinde ein Viertel Prozent aus. Entsprechend diesem Gehalt ist der Phosphor in der obersten Gesteinschicht unseres Erdballs, die wir bis auf 16 Kilometer Tiefe rechnen, nicht spärlicher vertreten als der Kohlenstoff und der Schwefel. Aber unser Interesse gewinnt sein Vorkommen erst, wenn die Phosphorsäure 100–200fach angereichert ist. Dann holen wir das Gestein aus allen entlegenen Teilen der Welt, schließen es mit Schwefelsäure auf und bringen den Aufschluß als Superphosphat auf den Acker. Nun ist es mit dem Zusammenschleppen aus aller Welt auf einmal aus! Und unsere Lage gemahnt uns auf das dringendste zu untersuchen, ob wir nicht auch von dem Kuchen leben können, statt die Rosinen allein genießbar zu finden.

Wir wissen lange, daß wir den Kuchen im Lande haben, denn in den obersten 25 cm unseres Bodens steckt durchschnittlich auf einen Hektar rund 4000 kg Phosphorsäure, rechnerisch ausreichend, um durch ihren Aufbrauch die angegebene Zufuhr, die uns im Augenblick Sorge macht, ein halbes Jahrtausend zu ersparen. Man darf von diesen Zahlen nicht die Exaktheit astronomischer Daten verlangen. Vielleicht ist es nicht ein halbes Jahrtausend, sondern nur die Hälfte dieses Zeitraumes. Immer würde es ungeheuer viel mehr sein als wir brauchen, um uns aus unserer jetzigen Not zu ziehen, wenn wir diesen Kuchen nur zu essen verständen. Aber hier versagt für den Augenblick unsere Leistungsfähigkeit. Die Pflanze macht sich diesen natürlichen Phosphorgehalt des Bodens langsam zunutze und gedeiht von ihm überall in der Welt, wo die Düngung mit Mineralstoffen nicht stattfindet, in den Wäldern, auf dem Ackerboden Rußlands und sonst auf der Erde; aber sie tut es nach ihrem Zeitmaß, und wenn wir durch einen chemischen Eingriff nachhelfen wollen, damit sie ein wenig mehr jährlich Frucht liefern und uns besser mit Nahrung versorgen kann, dann wissen wir vorerst nicht wie wir helfen können! Wieder zeigt sich, daß die Chemie noch nicht lebensgerecht ist. Weder von den gewaltsamen Reaktionen, noch von den thermodynamischen und reaktionskinetischen Gesetzmäßigkeiten führt eine gerade Straße zur Lösung dieser Aufgabe, und die Agrikulturchemie schwankt zwischen zweifelhaften Gesichtspunkten für ihre fruchtbare Behandlung und noch zweifelhafteren Gründen für ihre Unlösbarkeit. Unklarheiten über den Zusammenhang der Phosphorsäureaufnahme durch die Pflanze mit dem Gehalt des Bodens an anderen anorganischen Bestandteilen erschweren den Zugang zu der Aufgabe.

Wir verlassen das Feld der Ernährungsbedürfnisse, um noch einen kurzen Blick auf die Kleidung zu werfen, die nächst der Ernährung unser primitivstes Bedürfnis ist. Wieder zeigt uns der Blick in die Vergangenheit fürstliche Leistungen auf dem Gebiete der Wissenschaft und der Technik. Die Geschichte der Kleidung ist die der Farbstoffe, und die der Farbstoffe ist ein bedeutsames Stück der Weltwirtschaftsgeschichte. In dem Mitteldeutschland der Reformationszeit hat man 300 Dörfer und 7 Städte gezählt, die vom Anbau des Waids lebten, der mit seinem kleinen Indigogehalte dem Färber den geschätzten blauen Farbstoff lieferte [1]. Dann kam in den Tagen Elisabeths von England das Erzeugnis der reicheren Indigofera Tinctoria aus den Tropen. Jene gröberen Zeiten bedrohten den mit der Todesstrafe, der das „fressend Gift" aus dem überseeischen Boden verwendete. Doch die Wirtschaft war mächtiger als das Gesetz. Der Waidbau verging bei

1 [Waid (Isatis) ist eine Pflanzengattung in der Familie der Kreuzblütengewächse mit 50 bis 94 Arten. Der in Mitteleuropa angebaute Färber-Waid (Isatis Tinctoria) ist eine bis ca. 150 cm hohe Pflanze.]

uns, und die tropische Pflanze regierte, bis die Chemie den Farbstoff in unseren eigenen jungen Tagen für Deutschland zurückeroberte, und die Indigoversorgung der Welt in den rheinischen Fabriken ihre bleibende Stätte fand. Länger als der Indigobau hat der Krappbau [2] in Europa geblüht und noch in den Tagen unserer Eltern große Landstriche erfüllt, bis das synthetische Alizarin derselben chemischen Werkstätten an seine Stelle trat.

Aber welche Lücke gegenüber diesem glanzvollen Bilde, wenn wir das Auge von der Veredlung der Faser durch den Farbstoff auf die Faser selbst, auf unsere Kenntnis ihres Aufbaus und unsere Möglichkeit ihrer künstlichen Herstellung lenken. Der Aufbau der Faser im geläufigen chemischen Sinne ist uns wenigstens insoweit vertraut, daß wir die Gruppenzugehörigkeit der Baumwolle, der Wolle und der Seide und im groben ihre Spaltstücke kennen, aber unsere Kenntnis reicht auch eben nur soweit und sie versagt kennzeichnenderweise an einem Punkte, der gerade für die Faserstoffe der entscheidende ist. Denn die Faserstoffe sind der Typus organisch-chemischer Gebilde, die unserem Bedürfnisse vermöge ihrer Festigkeitseigenschaften dienen. Die klassische Chemie aber, deren Glanz und Leistung wir bewundern, kennt die Festigkeitseigenschaften nur als systemfremde Merkmale und konnte sie nicht anders kennen. Denn die Zustände, in die sie die Stoffe bringen mußte, um sie für ihre Forschungsmittel faßbar zu machen, waren gasförmig, flüssig oder fein kristallisiert. In keinem dieser Zustände aber zeigt die Masse des Materials die Eigenschaften der Festigkeit und der Elastizität, die uns die Faserstoffe wichtig machen. Von dieser wissenschaftlichen

2 [Krapp ist neben Indigo einer der ältesten Pflanzenfarbstoffe und wird aus der Wurzel des Färberkrapps (Rubia tinctorum), die den roten Farbstoff Alizarin enthält, gewonnen.]

Einstellung her stammt die Grenze unseres Könnens, die wir an einem verwandten Falle während des Krieges empfunden haben. Unsere Aufklärung des Kautschuks, unsere Kunst des synthetischen Aufbaus erkannter Naturprodukte auf naturfremdem Wege war von dem Kriege weit genug gediehen, um uns die Synthese des Kautschuks zu erlauben, als wir von den Stellen seiner natürlichen Erzeugung auf der südlicheren Erde abgeschnitten waren. Aber der Aufbau in unserer Industrie lieferte ein Produkt, das nur im Sinne der klassischen Chemie Kautschuk war. Die Zusammenballung der Moleküle zu einem Gebilde mit den Festigkeitseigenschaften des Naturproduktes auf naturfremdem Wege versagte. Der Nerv des synthetischen Gebildes blieb hinter dem des Rohkautschuks bei weitem zurück.

Jetzt hat die Methode der Röntgenuntersuchung bei den vegetabilischen Faserstoffen die ersten Erkenntnisse gebracht, die uns hoffen lassen, des Zusammenhangs zwischen Molekulareigenschaften und Festigkeit mächtig zu werden. Das Röntgenbild verrät uns den Mangel auf diesem Felde, den das wichtigste Resultat unserer Bemühungen um die künstliche Erzeugung der Faserstoffe, die Kunstseide, besitzt. Das Röntgenbild zeigt uns, daß die Natur eine geordnete Reihenfolge der Zellstoffmoleküle aneinandersetzt und wie sie sie aneinandersetzt, indem sie das Baumwollhaar, die Flachsfaser, die Ramiefaser, bildet. Die Kunstseide aber erweist sich als ein Gebilde, dem diese Ordnung der Moleküle zum regelmäßigen Verbande fehlt. Sie steht hinter dem Naturerzeugnis besonders in feuchtem Zustand an Festigkeit zurück wie eine Kette von Lappen, die mit groben Fäden aneinandergeheftet sind, hinter dem gleichmäßigen Erzeugnis des Webstuhls. Dem erkannten Mangel wird jetzt, wo das Hilfsmittel des Einblicks in Gestalt des Röntgendiagramms geschaffen ist, die Abhilfe auf die Länge nicht fehlen.

In Verbindung mit der radioaktiven Forschung haben die Röntgenstrahlen in den letzten zehn Jahren uns in den Aufbau der Atom- und Molekularwelt mehr Einsicht gegeben, als alle vergangenen Tage der Wissenschaft. Sie schließen die Lücke, die die Grundlagen der Chemie und Physik im vergangenen Jahrhundert getrennt hat. Sie weisen auch den Weg zum Einblick in den ganz unbekannten und ganz grundlegenden Naturzusammenhang, der den chemischen Aufbau der Moleküle mit den Festigkeitseigenschaften der Körper verbindet.

Wenn die Vertreter der synthetischen Chemie beieinander sitzen und sich im vertrauten Kreise über die Chemie der lebensfremden Umsetzungen unterhalten, so sagen sie verstimmt: „Es will nichts Durchschlagendes mehr herauskommen", und wenn die Vertreter der klassischen physikalischen Chemie beieinander sind, so bekennen sie sich, daß die meisten Untersuchungen mehr neues Material bringen als neue Erkenntnis. Unentbehrlich und unersetzlich, wie die anatomischen Zweige für die Medizin, sind beide Gebiete an stürmender Kraft und sieghafter Frische verarmt. Die Biochemie, die Kolloidchemie und der Atombau sind die drei Sterne, die am Himmel der Chemie im Aufsteigen sind, die junge wissenschaftliche Generation erfüllen und dem Wirtschaftsleben der Zukunft neue Hoffnungen bieten.

Aber der Wandel ist zu jäh, der Krieg hat die Entwicklung des wirtschaftlichen Bedürfnisses und damit des wissenschaftlichen Anspruchs überstürzt, und der Gelehrte, dem das langsame Schrittmaß des wissenschaftlichen Fortganges in allen tiefgreifenden Fragen bekannt ist, fragt sich mit Sorge, wie lange es dauern mag, ehe die Chemie imstande sein wird, durch neue fundamentale Erkenntnisse den Nutzinhalt der menschlichen Arbeitsstunde im erforderlichen Maße zu steigern. Wir brauchen eine Frist, in der die Wirtschaft vom Ertrag des bereiten Standes der Wissenschaft lebt. Vielleicht hilft uns das

Geschick. Schon einmal haben wir vor 700 Jahren die slavische Erde mit friedlichem Werkzeug erobert, als unser eiserner Pflug den Holzpflug der Wenden ersetzte. Vielleicht öffnet sich unserem bereiten Können jetzt wieder die unfruchtbar gewordene wirtschaftliche Unendlichkeit Rußlands. Eine sichere Frist für den Ausbau und die Nutzbarmachung unseres wissenschaftlichen Könnens aber kann uns nur der eine Fortschritt bringen, der mit dem wissenschaftlichen Fortschritt die Eigenschaft teilt, allen zugute zu kommen: Der Fortschritt im wirtschaftlichen Gesamtzusammenhang der Völker.

Denken und Dichten, Phantasie und Urteil war von je unser Ruhm. Beides verbunden, angesichts der lebendigen Natur, ist naturwissenschaftliche Forschung. Erfolgreiche Forschung ist erhöhter Nutzinhalt der menschlichen Arbeitsstunde, ist Wohlstand in der Wirtschaft und Behagen unter den Menschen. Vergeßt nicht, wenn ihr auf dem Markte des Lebens die mächtigen Worte sprecht, daß ihr die Welt nur verwaltet, in der die Naturwissenschaft regiert!

Neue Arbeitsweisen.
Wissenschaft und Wirtschaft nach dem Kriege.

Vortrag, gehalten bei einer Veranstaltung des Reichspräsidenten am 20. März 1923.

Dies ist die Zeit des wirtschaftlichen Wandels. Schätze, von den Vätern ererbt, schwinden in wenigen Jahren, neue Menschen ohne besonderes Verdienst treten überraschend in die Rolle des alten Besitzes. Der Kaufmann wechselt seinen Arbeitskreis, der Mann aus den freien Berufen seine Tätigkeit. Aber in diesem ungeheuren Wandel scheinen die Tätigkeiten selbst beim ersten Anblick wenigstens ihrer Art nach wenig verändert. Viele Arbeitszweige sind zurückgegangen, andere haben sich entwickelt, aber die Arbeitsweisen scheinen auf den ersten Blick zunächst die gewohnten und gleichen. Auf die Tätigkeiten aber, auf die Arbeitsweisen kommt alles an. Keine veränderte Gliederung der Menschen, keine neue Einteilung ihrer Tätigkeit hilft gegen die Not, die uns überkommen hat. Wir müssen mehr Güter mit dem unveränderlichen Kapital der nationalen Arbeitskraft schaffen, größere Werte mit der gleichen Leistung erzeugen, wenn wir einen Ausweg aus der Not finden sollen, die auf uns lastet. Zu diesem Ziel aber führt nur eine Straße: schöpferisch sein und aus dem Bestande unserer naturwissenschaftlichen Erkenntnis neue Arbeitsweisen herausholen.

Darum lohnt es der Mühe, die Arbeitsweisen näher anzusehen und uns klarzumachen, was sie als Inhalt und Leistung heute bieten und vor zehn Jahren noch nicht geboten haben. Über die ganze Breite unserer technischen Kultur kann der einzelne den Versuch nicht ausdehnen, weil er das Bleibende, Wertvolle nicht sicher genug beurteilt; aber das eigene Fach ladet jeden zur Prüfung ein, und die Chemie ist ein gutes Fach wegen der zentralen Stellung, die sie technisch einnimmt. Spielt doch die Chemie in der wirtschaftlichen Rüstung der Völker die Rolle der Gelenke, die die einzelnen Teile miteinander verbinden und dem Ganzen Biegsamkeit und Brauchbarkeit geben. Alle gestaltende Behandlung des Materials, die der Ingenieur leistet, bleibt in den Grenzen gegebener Materialeigenschaften. Erst die Umwandlung der Eigenschaften eröffnet neue Welten, und alle solche Umwandlung ist Chemie.

In diesem großen chemischen Rahmen sehen wir überall einen hervortretenden Zug. Wir werden nämlich gewahr, daß die Gegenwart von dem wissenschaftlichen Gedankengut der Vorkriegszeit lebt, das der Krieg nach vielen Richtungen zu beschleunigter Entwicklung gebracht hat. Neuen, in der Tiefe wurzelnden Gedankenfortschritten ist weder der Krieg noch die Nachkriegszeit bei uns günstig gewesen. Die ganze Periode seit 1914 hat naturgemäß der Geduld und der Abseitigkeit der Gedanken vom Alltag entbehrt, die eine Voraussetzung der größeren gedanklichen Fortschritte sind. Aber die Treibhausatmosphäre des Augenblicksbedürfnisses, das mit unerhörter Dringlichkeit befriedigt sein will, ohne nach Ausgaben und Kosten zu fragen, hat aus vorgebildetem, gedanklichem Besitz einen Reichtum neuer Arbeitsweisen hervorgehen lassen, und jetzt, nachdem sie einmal geschaffen sind, versuchen wir, das erworbene Können für Zwecke des Friedens wirtschaftlich nutzbar zu machen.

Und diese Verwertung gelingt erstaunlich oft und erstaunlich gut.

Es ist schwer, die erfolgreichen Neuerungen abzuzählen und mit den Gegenfällen statistisch zu vergleichen, in denen der Kriegsfortschritt mit dem Kriegsende gestorben ist. Aber ich möchte glauben, daß die chemischen Verfahren von der Art der Glycerinbereitung durch gestörte Gärung, die unerwartet wie ein glänzendes Meteor entstanden und wieder verloschen ist, mehr die Ausnahme als die Regel unter den neuen chemischen Arbeitsweisen aus der Kriegszeit darstellen. Die Fälle scheinen mir zu überwiegen, bei denen die neue Schöpfung technisch dauernd fruchtbar geblieben ist.

Sehen wir das Beispiel jener Glycerindarstellung daraufhin an, warum das Verfahren entstand und verging.

Seit Dezennien erfolgt eine Verteilung der Fette in der Welt, bei der die Hauptmenge der menschlichen Ernährung und der kleinere Anteil der menschlichen Sauberkeit zugute gebracht wird. Nahrung und Seife stehen im Wettbewerb. Die Seife verbraucht die auf sie fallenden Fette nicht ganz, sondern nimmt nur die Fettsäure und läßt das Glycerin frei, das mit der Fettsäure im Fette verbunden ist und seinen Weg in zahlreiche verschiedenartige Gewerbe findet. Im Krieg aber trat bei uns wegen der chemischen Beschaffenheit unserer Artilleriemunition, die nicht ohne Nitroglycerin auskam, ein gewaltiges Glycerinbedürfnis auf, das aus dem Nebenerzeugnis der kleingestellten Seifenfabrikation nicht zu decken war. Die ganz knapp gewordene Fettversorgung wurde schwer bedroht und fast wie durch ein Wunder dadurch gerettet, daß die wohl theoretisch entwickelte, aber nicht fertig durchgearbeitete Biochemie der Gärvorgänge uns plötzlich eine Arbeitsweise an die Hand gab, um statt des Alkohols Glycerin und Aldehyd aus der Zuckergärung zu gewinnen. Mit dem Kriegsende ist das Bedürfnis verschwunden, das diese glänzende Aushilfe ins Leben gerufen hat. Die Seife, die wichtigste Grundlage unserer Volksgesundheit, trat wieder in ihr Recht, und das Glycerin wurde wie früher ihr nützlicher und ausreichender Trabant.

Es ist leicht, diesem Beispiel die Beispiele des entgegengesetzten Verlaufes gegenüberzustellen.

Da gab es vor dem Kriege ein schüchtern hervortretendes Verfahren, um Staub aus leidlich langsamen Gasströmen dadurch zur Abscheidung zu bringen, daß man den staubhaltigen Gasstrom durch ein elektrisches Hochspannungsfeld führte. Ein weites Rohr bildete den Gasweg und ein längs seiner Achse gespannter Draht die Hochspannungselektrode. Dann kam im Kriege das Bedürfnis, die Rauchfahnen, die aus den Schornsteinen unserer Seefahrzeuge quollen und das Schiff dem Gegner auf weiteste Entfernung verrieten, zu beseitigen. An diesem ganz außerordentlich hohen Anspruch reifte das Verfahren, und als der Krieg vorüber war, hatte er eine Entwicklung dieser Technik gebracht, die so viel Leistungsfähigkeit in sich schloß und so viel Anwendungsmöglichkeit eröffnete, daß heute über hundert Anlagen in unserem Lande nach diesem Verfahren laufen und den Staub, der früher als verlorenes Gut von unseren Erzrösten, Tonerdefabriken, Zementanlagen und anderen mehr in die Luft ging und auf weite Strecken den landwirtschaftlichen Nutzen der Nachbarflächen beeinträchtigte, als wertvolle Mehrung des chemischen Erzeugnisses zurückhalten.

Die wissenschaftliche Grundlage liegt hier in den Vorkriegsuntersuchungen über die Spitzenentladungen und den elektrischen Wind, der sie begleitet.

Wir finden ein anderes eigenartiges Beispiel in der Auswirkung, die die Lehre von den Oberflächenkräften gehabt hat, die in den letzten Jahren vor dem Kriege ein eingehendes wissenschaftliches Studium erfahren haben. Hier ist sonderbarerweise der Gaskrieg das Mittelglied gewesen, das die ältere wissenschaftliche Grundlage mit den heute im Vordergrund des Interesses stehenden technischen Neuerungen verbunden hat. Der Gaskrieg, bewundert viel und viel gescholten, verdient in ruhigeren Tagen seine besondere Geschichtsschreibung, wegen der seltsamen massenpsychologischen und technischen Verwicklungen, zu denen er geführt hat. Hier interessiert nur, daß er in allen kriegführenden Staaten im Verlaufe des Krieges ein und dieselbe Abwehr geweckt hat, bestehend in der Benutzung eines Filters, durch das sich leicht hindurchatmen läßt und das alle feinsten Mengen angreifender Bestandteile aus der hindurchtretenden Atemluft hinwegnimmt. Der Hauptbestandteil dieses Filters sind in allen Hauptländern übereinstimmend vervollkommnete, besonders wirksame Arten der Kunstkohle gewesen, die vermöge ihrer Oberflächenkräfte im Vorzuge vor allen anderen Stoffen die gestellte Aufgabe gegenüber den verschiedenartigsten Kampfgasen erfüllten. Mit dem Ende des Krieges hat man sich auf die zahlreichen Fälle besonnen, in denen wertvolle, gasförmige Bestandteile, wie Äther, Benzin, Alkohol, in außerordentlicher Verdünnung bei industriellen Prozessen abgehen, und die Kohlen, die unsere Atemorgane geschützt haben, herangezogen, um mit diesem festen Adsorptionsmittel die früher verlorenen oder mühsam und unvollkommen gewonnenen Reste aus den Gasströmen herauszuziehen.

Die Verdünnung der Stoffe war von jeher die größte Quelle ihrer Entwertung. Das Gold im Meere, das alle Papierschulden der Gegenwartswelt tausendfältig überzahlen könnte, das Eisenerz in unserem Heimatsboden sind Beispiele entscheidender Werte, die die Verdünnung uns unzugänglich macht. Ja, es gibt, genauer betrachtet, nichts, was an wertvollen Rohstoffen nach Art und Menge unserer heimischen Erde fehlte; wir haben alles, nur außer der Steinkohle und dem Kali, leider fast alles in entwertender Verdünnung. Die Kohle der Atemfilter ist das Beispiel für die Möglichkeit, die Grenze der Entwertung durch Verdünnung zurückzuschieben und das Zeugnis für die Bedeutung eines solchen Erfolges.

Der Nutzen dieser Kohlen hat sich noch über das Ursprungsbereich hinaus erstreckt. Eine hohe Umsatzfähigkeit der an ihrer Oberfläche verdichteten Gase hat ihr zahlreiche Anwendungen als Kontaktstoff in der chemischen Industrie beschert, und selbst ihr staubförmiger Abfall ist zu hohen Ehren gekommen. Italien entfärbt damit seinen Rohzucker, Frankreich den

Wein, aus dem es Champagner macht, wir selbst Öle und Glycerin, und jeder Monat bringt neue Anwendungen und neuen Nutzen.

Die elektrische Entstaubung und die aktiven Kohlen kennzeichnen Feinhilfsmittel und Feinpräparate, die uns voranbringen. Aber nationaler Reichtum und allgemeine Hebung der Lebenshaltung läßt sich auf Feinprodukte und Feinhilfsmittel nur mit unendlicher Mühe gründen. Jeder Verbraucher vertritt ein Sonderbedürfnis, auf das die Arbeitsweise eingestellt werden muß. Nur die Überlegenheit im Massenerzeugnis, die sich auf dem breiten Markte entfaltet, gibt durchgreifende Siege.

Auch auf diesem Felde hat die Wissenschaft der Vorkriegszeit und die technische Anspannung der Kriegsjahre zu bedeutenden Auswirkungen geführt. Die Metalle, die Grundlage aller technischen Kultur, haben Fortschritte zu verzeichnen. Die Leichtmetalle Aluminium und Magnesium, für deren Gewinnung unser Land unbeschränkt Möglichkeiten bietet, sind in die Form von geeigneten Legierungen gebracht worden, deren mechanische Eigenschaften und deren Widerstandsfähigkeit gegen Luft und Wasser Schwermetalle ausländischer Herkunft erfolgreich zu ersetzen erlaubt. Das auffallendste Beispiel ist die Verdrängung des Rotgusses durch die leichte Legierung von Silicium und Aluminium, die in ihrer feinkörnigen Form die klassische schwere Kupferlegierung erfolgreich ersetzt. Der Erfolg ist hier aufgebaut auf der Lehre von der Metallstruktur und ihrer Abhängigkeit von Herstellungsweise und Nebenbestandteilen, die man mit den Hilfsmitteln der Metallographie in den Jahren vor dem Kriege zu verfolgen gelernt hat.

Schließlich als letztes Einzelbeispiel der Stickstoff, der uns als ein Ausfluß der präparativen und der physikalischen Chemie aus der Luft zugänglich geworden ist. Seine heimische Erzeugung hat uns von der großen Einfuhr aus Chile unabhängig gemacht, die der Krieg abgeschnitten hat und die wir in der

Nachkriegszeit nicht wieder aufzunehmen brauchen, obwohl der landwirtschaftliche Bedarf heute sehr viel größer ist als vor dem Kriege. Ich verweile nicht bei diesem Fortschritt, weil er durch hundert Zeitungsartikel der allgemeinen Beachtung nahegerückt worden ist. Nur einen Gesichtspunkt möchte ich in diesem Zusammenhange betonen. Die Überlegenheit im Können bei der Herstellung der Massenprodukte macht in friedlichen Zeiten das schöpferische Land zum Weltmittelpunkte und sichert ihm als Lohn seiner geistigen Führertätigkeit den Ausfuhrmarkt über die Erde. Der Besiegte, dem die ausländischen Schutzrechte geraubt, die Ausführungseinzelheiten unter dem Druck der Waffen von den Angehörigen der wirtschaftlichen Konkurrenzmächte entwendet worden sind, vermag aus dem gleichen Fortschritt nicht den gleichen Nutzen zu ziehen. Vollends wenn die Nachwirkung des Krieges unter den Nationen eine so dringende Besorgnis vor neuen Kriegen geschaffen hat wie jetzt, entsteht ein ungeheurer Druck, der von allen Seiten wirkt und zur Sicherung der eigenen Landesverteidigung die Übertragung aller neuen und kriegsnützlichen Verfahren aus Deutschland nach der eigenen Scholle fordert. Militärische und Industrieinteressen des Auslandes wirken zusammen und verhindern, daß der Fortschritt unser Vorrecht bleibt und uns den wirtschaftlichen Erfolg bringt, der mit einer Monopolstellung verbunden ist.

Die beiden Beispiele der Leichtmetallegierungen und des Stickstoffs erschöpfen nicht die Nachkriegsfortschritte chemischer Massenerzeugung, die auf dem Boden der Vorkriegswissenschaft und der technischen Entwicklung in der Kriegszeit stehen. Der ganze klassische Zusammenhang unserer anorganischen Haupterzeugnisse, der Schwefelsäure, Salzsäure, des Glaubersalzes und der Salpetersäure, ist umgeschaffen worden. Wir haben gelernt, die Salzsäure nicht mehr mit Schwefelsäure aus dem Kochsalz zu machen, sondern das elektrolytische Chlor mit dem daneben entstehenden Wasserstoff zu Salzsäure zu verbrennen. Weil wir das Kochsalz nicht mehr mit Schwefelsäure zersetzen, verschwindet das Glaubersalz, das dabei entstand, als Erzeugnis der eigentlichen chemischen Industrie, und seine Herstellung geht an die Kupferhütten und vornehmlich an die Kaliwerke über, die es bisher als Abfallprodukt angesehen und nicht aufarbeitungswürdig gefunden haben. Die Salpetersäure kommt nicht mehr aus dem Salpeter, den wir mit Schwefelsäure umsetzen, sondern aus der Verbrennung des Ammoniaks, ja, die Schwefelsäure selber verändert, wenn auch zögernd und naturgemäß nur zu einem Bruchteile, ihren Entstehungsweg und wird in merklichem Umfange einerseits aus den früher nach Menge und Gehalt unregelmäßigen Abgasen der Hütten, anderenteils aus dem heimischen Gips als ein Nebenprodukt des Zements zugänglich.

So läßt sich Fortschritt nach Fortschritt aufzählen, und es ist eine tröstliche Reihe; denn sie zeigt neues Leben, das aus der Zerstörung emporwächst. Es ist auch eine fruchtbare Reihe, denn sie ist in allen Gliedern dadurch gekennzeichnet, daß Abfall nutzbar gemacht und aus naturwissenschaftlicher Erkenntnis durch technischen Geist vermehrter Wert mit gleicher Arbeit herausgeholt wird. Sie ist doppelt fruchtbar für uns, weil jedes Glied einen Schritt zur Autarkie, einen gewonnenen Punkt bei dem Versuche bedeutet, aus den eigenen Rohstoffen wirtschaftlich zu leben.

Aber es ist eine unzulängliche Reihe. Wir erobern die wirtschaftliche Welt nicht zurück, gewinnen unsere frühere Führerstellung nicht wieder, ohne daß sie sich fortsetzt durch neue, vermehrte, größere Schöpfungen, und wir brauchen diese Wiedereroberung!

Denn dieser soziale Staat, den die Revolution an die Stelle der Vergangenheit gesetzt hat, dieser Staat, der nach seinem ganzen Wesen den höheren Lebensanspruch der breiten handarbeitenden Schichten bejaht und den gerechten Ausgleich für unerhörte Leistungen des Volkes im Kriege darin sieht, daß er allen, die gleiche natürliche Gaben haben, den Aufstieg gleich leicht macht und allen, die hilfsbedürftig sind, seine Unterstützung gewährt, dieser Staat ist ein außerordentlich teurer Staat. Von außen um Leistungen gepeinigt und im Innern durch Forderungen gedrängt, die er erfüllen muß, wenn er sich nicht selbst aufgeben will, muß er den ständigen Fortschritt in den Arbeitsweisen und Tätigkeiten haben, und er kann ihn nur durch die Fortschritte der Wissenschaft erlangen.

Die Vergangenheit, in der wir so reich waren, hat ein großes Unglück bei uns gezeitigt. Weil es so viele wundervolle Einzelheiten gab, aus denen sich unsere technische Leistung zusammensetzte, haben wir einen Reichtum an Menschen herangebildet, die die Einzelheiten meisterlich verstehen und jeden Tag alle Antwort wissen auf die Frage, was an ihren Einzelaufgaben morgen getan werden soll. Aber alle diese Menschen, die nie fehlgreifen, wenn es sich um das handelt, was in ihrem beschränkten Wirkungskreise von einem Tag auf den andern Nützliches geschehen kann, zeigen Unlust oder Unvermögen, die breitere Entwicklung auf ein Jahrzehnt hinaus zu überlegen. Weil es im Augenblick noch reicht mit dem Wissenschaftsinhalt der Technik und die naturwissenschaftliche Kraft, die in dem Ganzen steckt, sich im Täglichen noch auswirkt, so glauben sie, daß es auch weitergehen wird, und es scheint ihnen dringlichere Dinge zu geben als die Wissenschaftspflege in dieser furchtbar verarmten Zeit. Sie leugnen nicht, daß unser Staat, wie er ist, auf dem technischen Können beruht und auf absehbare Zeit darauf beruhen wird, aber sie sehen in einer Periode, in der alles irgend Entbehrliche kleingestellt werden muß, den Wissenschaftsbetrieb nicht als das völlig Unentbehrliche an.

In Wahrheit ist er aber das Unentbehrlichste von allem. Denn er ist das Saatgut, und die Sparsamkeit an dieser Stelle gleicht der Weisheit des Landwirts, der die Hälfte seiner Saatkartoffeln mit der Überzeugung aufißt: es wird auch so genug wachsen!

Heute aber ist der Augenblick für diesen Notruf. Denn die letzten Monate haben die Sorge plötzlich vervielfacht. Als es in Deutschland bequem war, mit fünf Dollar im Monat zu leben, ergänzten die Spenden unserer Freunde im Auslande die Hilfe, die Reich und Länder einsichtsvoll der Wissenschaft zuteil werden zu lassen bestrebt waren. Solange es so aussah, als ob Frankreich statt unseres letzten Geldes verständige Worte nehmen werde, half uns die eigene Industrie. Das ist vorbei. Heute kostet der Wissenschaftsbetrieb bei uns so viel wie in den angelsächsischen Ländern, und hinter dem Glanz hoher Markziffern steckt keine größere Kaufkraft, als der Devisenkurs ergibt. Heute kann nichts mehr helfen als der Wille der Gesamtheit, die Saatkartoffeln zu sparen, so knapp auch der Tisch bestellt ist, und ihr müßt entscheiden, zu welchem Teile ihr sie aufessen wollt, um künftig dreifach zu hungern!

Zur Geschichte des Gaskrieges.

Vortrag, gehalten vor dem parlamentarischen Untersuchungsauschuß des Deutschen Reichstages am 1. Oktober 1923.

Es sei mir verstattet, vor diesem Kreise, den nicht das militärische und technische, sondern das völkerrechtliche Interesse zur Beschäftigung mit den Gaskampfwaffen und ihrer Benutzung im Weltkriege veranlaßt, meine Ausführungen mit einer persönlichen Bemerkung zu beginnen.

Während der letzten Monate des Jahres 1914 wurde ich von der Heeresverwaltung an den Gaskampfversuchen beteiligt, die bereits begonnen hatten. Seit Anfang 1915 habe ich in beschränktem, seit Mitte 1916 in vollem Umfange die technische Verantwortlichkeit auf dem Gasgebiete getragen. Meine Kenntnis des Ursprungs und der allerersten Entwicklung des Gaskrieges verdanke ich den Akten und zahlreichen persönlichen Besprechungen, zu denen meine Tätigkeit Anlaß gab. Mit der völkerrechtlichen Zulässigkeit der Gaswaffen bin ich niemals befaßt worden. Auch habe ich in den Akten des Kriegsministeriums aus den ersten Kriegsjahren nichts darüber gefunden. Diese Seite der Sache hat der Generalstabschef und Kriegsminister v. Falkenhayn offenbar persönlich geprüft. Aber wenn er mich auch niemals um meine Rechtsauffassung gefragt hat, so hat er mir doch keinen Zweifel darüber gelassen, daß es für ihn völkerrechtliche Grenzen gab, die er strenge innegehalten wissen wollte. Niemals würde er die Vergiftung von Nahrungsmitteln, Brunnen oder Waffen gebilligt, niemals Waffen oder Kampfweisen erlaubt haben, die nutzlose Leiden schufen. Unzweifelhaft war er überzeugt, mit dem Völkerrecht durch seine Anordnungen auf dem Gaskriegsgebiet nicht in Widerspruch zu treten. Eine entgegengesetzte eigene Meinung würde mich von der Mitarbeit zurückgeschreckt haben. Die einzige im Haag für den Gaskrieg getroffene Festsetzung, durch welche Geschosse mit dem alleinigen Zweck der Verbreitung erstickender und giftiger Gase verboten wurden – Deklaration –, gab mir zu einer solchen abweichenden Meinung keinerlei Anlaß [1].

Die Geschichte der Kriegskunst rechnet den Beginn des Gaskampfes vom 22. April 1915, weil an diesem Tage zum erstenmal ein unbestrittener militärischer Erfolg durch die Verwendung von Gaswaffen erzielt worden ist [2]. In den Nachmittagsstunden dieses Tages wurde aus der Front der deutschen Truppen vor Ypern eine große Menge Chlorgas aus Stahlzylindern in die Luft geblasen. Der herrschende schwache Nordwind trieb die Gaswolken in die gegenüberliegende Stellung des Feindes bei Langemark und machte dessen vorher unüberwindlichen

---

1 In der Haager Konvention (1907, Artikel 23) sind verboten:
a) d'employer du poison ou des armes empoisonnées;
e) d'employer des armes, des projectiles ou des matières prop res à causer des maux superflus.
Andere Bestimmungen, die auf irgendeine Weise mit dem Gaskrieg in Zusammenhang zu bringen wären, fehlen in dem erwähnten Abkommen. Ich beziehe mich auf das Buch des Professors an der Sorbonne, Pillet, „La Convention de la Haye", das gegen Ende des Weltkrieges erschienen ist und an Feindseligkeit gegenüber den Deutschen nicht übertroffen werden kann, für das Anerkenntnis, daß diese Bestimmungen der Haager Konvention nicht auf den Gaskrieg anzuwenden sind. Die im Texte erwähnte Bestimmung der Haager Deklaration ist also in der Tat die einzige in Betracht kommende völkerrechtliche Vorschrift.

2 Man vgl. die Darstellung des französischen Generals E. Vinet in „Chimie et Industrie", November–Dezember 1919, die des amerikanischen Majors West in „Science", 2. Mai 1919, die des britischen Majors Lefebure in seinem Buche „The Riddle of the Rhine", Oktober 1920.

Widerstand im Augenblick zunichte. Einsatz von 15-cm-Gasgranaten 12 T in der Flanke unterstützte die Wirkung der Gaswolken.

Die waffentechnische Bedeutung des Erfolges tritt am klarsten dadurch hervor, daß von diesem Tage ab alle kriegsbeteiligten Heere die Ausbildung und Einführung von Gasschutzgerät auf das eifrigste betreiben, während vorher an keiner Stelle Abwehrmaßnahmen gegen Gasangriffe getroffen worden waren.

Aber der 22. April 1915 ist nicht der Tag, an welchem die Gaswaffen im Weltkrieg zum erstenmal auftreten. Ihm geht vielmehr eine Entwicklungsperiode voran. Während dieser Entwicklungsperiode fehlt vornehmlich die Einsicht, daß es zum militärischen Erfolge auf dem Schlachtfelde einer Massenwirkung der Gaskampfhilfsmittel bedarf. Man benutzt kleine Mengen von Gaskampfstoffen, die sich unter günstigen Witterungsverhältnissen auf einem engen Versuchsfeld gelegentlich wirksam zeigen, und überschätzt ihre Wirkungen in der Schlacht. Mit der neuen Einsicht, die durch den Tag von Ypern bei allen kriegsbeteiligten Völkern geschaffen wird, beginnt nun ein Wettlauf in der Auswahl, der Massenerzeugung und der Massenverwendung der besten Gaskampfstoffe, der bis zum Schluß des Krieges dauert und die Gaswaffe nächst der Luftwaffe zur größten technischen Neuerung des Landkrieges werden läßt.

Als eine Kennzeichnung ihrer Bedeutung mag angeführt werden, daß beim Ausgang des Krieges mehr als ein Viertel der deutschen Artilleriegeschosse mit einer Gaskampfstofffüllung versehen war, während die Gaskampfstofferzeugung in den Ententeländern die entsprechende deutsche Produktion noch erheblich überholte. Ausführliches Zahlenmaterial ist von amerikanischer Seite in dem amtlichen Bericht „America's Munitions" von Benedict Crowell, dem stellvertretenden

Staatssekretär des Krieges, von französischer Seite durch den General E. Vinet, Oberstchef des chemischen Dienstes im französischen Kriegsministerium, in der Novembernummer der Zeitschrift „Chimie et Industrie“ 1919, veröffentlicht worden.

Diese Entwicklung, von der ich eben gesprochen habe, ist vor sich gegangen, begleitet von einem gewaltigen Lärm der feindlichen Presse, die die Unmenschlichkeit der Gaswaffen und unsere Verfehlung so lange gepredigt hat, bis sich die öffentliche Meinung gewöhnt hat, sie für wahr zu halten. Es wird deshalb nicht nutzlos sein, auf die entgegengesetzten Äußerungen berufener Ententestellen hinzuweisen. Der von mir eben erwähnte amerikanische Bericht des stellvertretenden Staatssekretärs des Krieges sagt darüber wörtlich:

> Während des Jahres 1918 waren 20–30 % aller amerikanischen Verluste durch Gas verursacht, woraus hervorgeht, daß die Gaskampfstoffe eines der mächtigsten Kriegsmittel bilden. Die Berichte zeigen aber, daß bei Ausrüstung der Truppen mit Masken und anderen Gasabwehrmitteln nur 3–4 % der Gaserkrankungen zum Tode führten. Dies lehrt, daß sich die Gaswaffe nicht nur zu einer der wirksamsten, sondern zugleich zu einer der humansten Waffen ausgestalten läßt.

In völlig gleichem Sinne hat sich der Leiter des englischen Gaskampfwesens im Kriege, General Hartley, vor der British Association, die unserer Versammlung deutscher Naturforscher und Ärzte entspricht, im Jahre 1919 ausgesprochen.

Die Rücksicht auf die öffentliche Meinung, die auf die Abscheulichkeit der Gaswaffe eingestellt ist, hat nach dem Kriege zu dem Washingtoner Beschluß geführt, der dieses Kriegsmittel mit starken Worten verbietet. Die entgegengesetzte Auffassung der sachverständigen Militärs darf als Ursache dafür angesprochen werden, daß die Washingtoner Beschlüsse von den beteiligten Staaten nur zum Teil ratifiziert worden sind, und daß, wie die Verhandlungen des Völkerbundes aus der allerneuesten Zeit offenkundig gemacht haben, das Versuchswesen auf dem Gasgebiet im Hinblick auf künftige kriegerische Möglichkeiten außerhalb Deutschlands eifrig fortbetrieben wird.

Es sei mir erlaubt, im Vorübergehen auf den Unverstand der Gerüchte hinzuweisen, die hier und da von fortdauernden Bestrebungen der gleichen Art auf deutscher Seite reden. Sie gehen offenbar von Laien aus, die glauben, daß sich in der Stille und Heimlichkeit eines wissenschaftlichen Laboratoriums durch einige Verschworene ein neuer Gaskrieg vorbereiten läßt, während es in Wahrheit dazu ausgedehnter Einrichtungen bedürfte, an denen viele Menschen beschäftigt werden. Solche Einrichtungen könnten aber unter den politischen Verhältnissen unseres derzeitigen Lebens schlechterdings nicht geheim bleiben, und ihr Bekanntwerden würde zu den schwersten Nachteilen für das Reich und für die deutsche chemische Industrie führen.

Für eine völkerrechtliche Beurteilung, wie sie dieser Ausschuß im Sinne hat, wird die Zeit nach dem Yperner Ereignis von vergleichsweise untergeordnetem Interesse gegenüber der Entwicklungszeit sein, die von Kriegsausbruch bis zum Tage von Ypern rechnet. Diese Entwicklungszeit bringt französische und deutsche Maßnahmen auf dem Gasgebiete, während von den übrigen Kriegsbeteiligten nichts Einschlägiges bekanntgeworden ist.

Der Schilderung der Ereignisse möchte ich ein Wort über die Grundbegriffe vorausschicken. Die Gaskampfstoffe sind Flüssigkeiten oder feste Substanzen, die, in der Luft oder auf dem Erdboden verbreitet, sei es auf einmal oder sei es allmählich, Gasform annehmen. In dieser Gasform wirken sie auf Augen und Atmungsorgane, während sie – mit einer freilich sehr wichtigen Ausnahme – die gewöhnliche Haut des Körpers nicht angreifen. Diese Ausnahme bildet das Dichlordiäthylsulfid, das wir im Jahre 1917 unter dem Namen Gelbkreuz in den Kriegsgebrauch eingeführt haben [1]. Dieser Stoff zieht auf der normalen Körperhaut Blasen und ruft damit, auch ohne die Atemwege zu erreichen, Gesundheitsstörungen hervor, die den Betroffenen eine Zeitlang der militärischen Verwendung entziehen.

Es liegt in der Natur des Kampfstoffs, daß er den Organismus beeinträchtigt. Aber nicht jede Beeinträchtigung bedeutet eine Gefahr für Leib und Leben. Hier gilt nun allgemein, daß die Atmungsorgane das Einfallstor sind, durch welches die Gaskampfstoffe in gefahrbringender Weise auf den Menschen wirken.

Diese Gefahr verschwindet im Einzelfalle stets dann, wenn die Menge, die in den Organismus gelangt, klein genug ist, und diese Einzelfälle haben in allen Stadien des Gaskrieges die Regel gebildet. Der Sprachgebrauch aber richtet sich nicht nach den Einzelfällen und zählt die Gaskampfstoffe zu den Atemgiften, sofern sie vermöge ihrer chemischen Beschaffenheit bei zureichender Einatmung Gefahr für Leib und Leben bedeuten und die zureichende Einatmung nicht grundsätzlich ausgeschlossen ist.

Die französischen wie die deutschen Gaskampfstoffe der Entwicklungsperiode waren im Sinne des Sprachgebrauches giftig, weil die Einatmung bescheidener Mengen bereits tödliche Wirkungen haben konnte. Der Tierversuch läßt darüber keinen Zweifel. Auch sind die Unterschiede in den tödlichen Dosen der in verschiedenen Kriegsperioden verwendeten Gaskampfstoffe keineswegs sehr erheblich. Die Blausäure, die in der ganzen Welt als eines der stärksten Gifte bekannt

---

1 Die amerikanischen Versuche, einen zweiten, die gewöhnliche Körperhaut angreifenden Stoff, den Lewisit, für den Kriegsgebrauch auszubilden, scheinen aufgegeben zu sein.

ist, und der erste französische Gaskampfstoff, der Bromessigester, dessen Harmlosigkeit alle Vertreter der Entente auf das nachdrücklichste hervorheben, stehen einander in der tödlichen Dosis sehr nahe[2]. Diese paradoxe Tatsache schreibt sich daher, daß die Giftigkeit eines Gases mit der Wahrscheinlichkeit der Vergiftung nicht in einfacher Verbindung steht. Die Einatmung der Blausäure belästigt in keiner Weise. Man kann

---

2 Ein einfaches und praktisch ausreichendes Maß für die Giftigkeit wird gewonnen, indem wir für jeden Gaskampfstoff die Menge in mg – *c* – angeben, die im Kubikmeter Atemluft vorhanden ist, und damit die Zeit in Minuten – *t* – multiplizieren, die das Versuchstier in dieser Luft atmen muß, um todbringende Schädigung zu erfahren. Je kleiner dieses Produkt – $c \times t$ – ist, um so giftiger ist der Kampfstoff. Einige Zahlen, die im Kriege ermittelt worden sind, seien angeführt. Nähere Angaben finden sich in der medizinischen Literatur. Die Zahlen beziehen sich alle auf die Katze als Versuchstier. Die Stoffe sind in der Reihenfolge ihrer Einführung in den Gaskampf geordnet.

Substanz	Zuerst angewandt von	c × t
Bromessigsäureätlıylester	Frankreich	3000 u. weniger
Chloraceton	Frankreich	3000
Xylylbromid	Deutschland	6000
Chlor	Deutschland	7500
Perchlormethylmerkaptan	Frankreich	3000 u. weniger
Blausäure *)	Frankreich	1000
Phosgen	Frankreich	450
Perchlorameisensäuremethylester	Deutschland	500

*) Bei Blausäure ist der Wert für c × t von der Konzentration abhängig. Der angeführte Wert bezieht sich auf die feldmäßig erreichbare Konzentration von ½ ‰°. Bei kleinerer Konzentration ist der Wert erheblich höher.

nicht angenehmer sterben. Der Bromessigester aber quält Nase und Kehle unerträglich, lange ehe wir ihn in tödlichen Mengen aufnehmen.

Das ist der Unterschied, der die Wahrscheinlichkeit der Vergiftung durch Blausäure ungemein viel größer macht als die entsprechende Wahrscheinlichkeit für den Bromessigester. Nicht der Unterschied in der tödlichen Dosis, sondern die Tatsache, daß man vor dem Bromessigester davonläuft, wenn man laufen kann, lange ehe man die tödliche Menge einatmet, verschafft diesem Kampfstoff im Gegensatz zur Blausäure den falschen Ruf der Harmlosigkeit. Zwischen beiden Grenzfällen existieren unter der außerordentlichen Zahl chemischer Substanzen alle Abstufungen, ohne daß man einen scharfen Trennungsstrich an einer Stelle zu ziehen vermöchte.

Gehen wir nach dieser Vorbemerkung zu einer Schilderung der Entwicklungsperiode nach ihrem zeitlichen Verlauf über, so steht unbezweifelt an der Spitze der Ereignisse die Tatsache, daß die französische Armee mit Gaswaffen versehen war, als der Krieg ausbrach. Sie bestanden in 26-mm-Gewehrgranaten, die keine Sprengladung enthielten, sondern dem alleinigen Zwecke dienten, die Dämpfe des zuvor erwähnten Kampfstoffes, des Bromessigesters, zu entwickeln. Vermutlich hatte man auch schon damals die ganz gleichartigen Gashandgranaten, die später stets neben den Gasgewehrgranaten erscheinen. Wir besitzen über die französischen Gasgewehrgranaten ein unbestrittenes Zeugnis in der Veröffentlichung, die Major West von der Gaskampfabteilung des amerikanischen Kriegsministeriums am 2. Mai 1919 in der bekannten Zeitschrift „Science“ gemacht hat. Die in Betracht kommende Stelle dieser Veröffentlichung lautet:

> Vor dem Kriege wurden erstickende 26-mm-Gasgewehrgranaten verfeuert. Diese Gewehrgranaten waren mit Bromessigester, einem schwach ersticken-

den und nicht giftigen Tränenerreger, geladen. Sie waren zum Angriff auf flankierende Werke, Kasematten und Gänge permanenter Befestigungen bestimmt, in welche sie durch die engen Schlitze der Schießscharten hineingeschossen werden sollten. Die Bedienungsmannschaft der Maschinengewehre und Geschütze dieser flankierenden Anlagen würden durch den Dampf des Bromessigesters belästigt worden sein, und der Angreifer hätte von ihrer Verwirrung Nutzen gezogen, um über das Hindernis der Befestigung hinwegzukommen. Der Gebrauch dieser nicht todbringenden Hilfsmittel widersprach nicht der Haager Konvention. Die einzige erwähnenswerte Unternehmung aus der Vorkriegszeit, bei der diese Waffe benutzt wurde, bestand in dem Angriff auf die Bonnotsche Apachenbande in Choisy-le-Roi[3].

Während des Schützengrabenkrieges ist von diesen erstickenden Gewehrgranaten eine Verwendung gemacht worden, die man als verfehlt bezeichnen muß, und zwar darum, weil die kleinen Flüssigkeitsmengen, die sie enthielten, ungefähr 19 ccm, im offenen Felde keine Wirkung haben konnten.

3 [Im Original übernahm Haber aus „Science“ die falsche Schreibweise „Bonnet“. Die berüchtigte Bande war nach Jules Bonnot benannt. In Anspielung auf den vermeintlich blutrünstigen Indianerstamm nannte die französische Presse alle gewalttätigen Straßenbanden in Paris „Apaches“. Bonnots Verhaftung ging eine Belagerung seines Versteckes voraus, die schließlich mit dem Einsatz von Sprengstoff beendet wurde. Bei den spektakulären und gewalttätigen Raubüberfällen der anarchistischen Bonnot-Bande kamen erstmals gestohlene Automobile als Fluchtfahrzeuge zum Einsatz. Die Polizei dagegen verfügte seinerzeit nur über sehr wenige Automobile.]

Nach privaten Nachrichten, die ich Grund habe, für völlig zuverlässig zu halten, sind diese Gewehrgranaten im Anfang des Krieges im französischen Heere weder in bedeutender Zahl vorhanden gewesen noch von der französischen Obersten Heeresleitung für den Schlachtgebrauch angefordert worden. Dem Vernehmen nach ist ihre Neufertigung im November 1914 angeordnet worden, wobei man aus Mangel an Brom für die Bromessigesterherstellung auf sachverständigen Rat zur Verwendung eines anderen sehr ähnlichen Kampfstoffes, des Chloracetons, überging. Am 7. Januar 1915 hat dann der General Joffre diese Waffe für die Front angefordert, und am 21. Februar dieses Jahres hat das französische Kriegsministerium die Dienstvorschrift über den Gebrauch der Gasgewehr und Gashandgranaten im Druck an die Truppen herausgegeben. Im März 1915 sind dann diese Waffen an der Westfront gegen unsere Truppen zur Verwendung gelangt.

Die Dienstvorschrift des französischen Kriegsministeriums scheint mir von besonderem Interesse für die völkerrechtliche Beurteilung; denn in dem Abschnitt über die Vorsichtsmaßnahmen, die beim Angriff auf feindliche mit diesen Gasgeschossen belegte Gräben beobachtet werden müssen, bringt dieses maßgebliche Dokument in unzweideutiger Weise zum Ausdruck, daß tödliche Wirkungen des angeblich harmlosen Stoffes nicht ausgeschlossen sind. Die fragliche Stelle lautet wörtlich: „Die Dämpfe der Reizgeschosse sind nicht tödlich, wenigstens sobald sie nicht im Übermaß eingeatmet werden." Die naturwissenschaftliche Tatsache, die in diesem Satz zum Ausdruck kommt, ist die, daß der Mensch, der ungeschützt den Dämpfen ausgesetzt lebt, unter der heftigen Reizwirkung auf seine Schleimhaut Willen und Kraft zum Widerstand verliert und davonläuft, ehe er die tödliche Dosis eingeatmet hat. Wenn er aber nicht davonlaufen kann, etwa weil der Ausgang der Kasematte verschüttet ist, in der er nach der erwähnten französischen Vorschrift mit den Bromessigester-Gewehrgranaten beschossen wird oder weil er etwa durch Verwundung am Davonlaufen verhindert ist, dann verfällt er der Giftwirkung, die durchaus genügen kann, um den Tod herbeizuführen, wie es die französische kriegsministerielle Vorschrift ja mit den erwähnten Worten zum Ausdruck bringt. Daß er die tödliche Menge unter besonderen Qualen aufnimmt, die ihm durch die ungeheuerliche Reizwirkung der Stoffe bereitet werden, macht die Sache, wie mir scheint, nicht besser, sondern schlimmer.

Auf deutscher Seite war eine entsprechende Kriegsvorbereitung nicht vorhanden. Gegenüber widersprechenden Vermutungen, die unsere Gegner mit größerer oder geringerer Bestimmtheit immer wieder geäußert haben, kann ich versichern, daß ich in meiner Kriegstätigkeit als Leiter der chemischen Abteilung des Preußischen Kriegsministeriums über den Mangel jeder solchen Vorbereitung im deutschen Heere volle Gewißheit erlangt habe. Dieser Sachverhalt begreift sich um so leichter, als der ganze Geist unserer Armee auf eine Kriegführung gestellt war, wie wir sie 1914 bis zur Marneschlacht gesehen haben. Für einen solchen Krieg aber konnte man sich von Gaswaffen nichts versprechen. Erst die ungeheure Überraschung, die uns der Stellungskrieg nach der Marneschlacht bedeutete, hat den Gedanken an Kampfmittel geweckt, mit deren Hilfe man das Hindernis der feindlichen Stellung überwinden und wieder zu dem Bewegungskriege kommen konnte, in welchem man sich ohne neue Waffen dem Feinde überlegen und des siegreichen Ausganges sicher glaubte.

Die ersten und unvollkommenen deutschen Versuche, ein Gaskampfhilfsmittel zu schaffen, datieren vom Oktober 1914. Das, was damals in aller Eile ersonnen, beschafft und noch im gleichen Monat bei Neuve Chapelle vor dem Feinde versucht wurde, war ein Schrapnell, das die Bezeichnung Ni trug und mit äußerst zweifelhafter Berechtigung den Gasgeschossen zugezählt wird.

Wir hatten damals das sogenannte Einheitsgeschoß in Gebrauch, das je nach der Zünderstellung als Schrapnell oder als Granate wirkte. Die Schrapnellkugeln im Innern des Geschosses waren in Sprengpulver eingebettet. Bei der Benutzung als Granate wurde das Sprengpulver zur Detonation gebracht, und der Geschoßmantel lieferte die Splitter, deren Wirkung gewollt war. Die Schrapnellkugeln aber wurden dabei zu nutzlosem Staub zertrümmert. Bei der Verwendung des Geschosses als Schrapnell wurde der Mantel nur aufgerissen. Die Splitterwirkung fehlte, aber die Schrapnellkugeln bildeten die Garbe, die gegen den Feind streute. Das Füllpulver, in das sie eingebettet waren, detonierte in diesem Falle nicht, sondern verbrannte ohne Nutzen.

Bei den Ni-Geschossen nun ersetzte man das Sprengpulver durch Salze des Dianisidins, die einen feinen, schleimhautreizenden Staub gaben. Man verzichtete damit auf die Verwendung des Geschosses als Granate und erwartete vom Herabsinken der staubhaltigen Luft auf den Gegner einen Erfolg, der zu der Wirkung der Schrapnellkugeln hinzutreten sollte.

Das Geschoß, das nur vorübergehend in geringer Stückzahl gefertigt und dann alsbald aufgegeben wurde, hatte sicherlich nichts mit den Geschossen zu tun, die die Haager Deklaration verbietet. Denn abgesehen davon, daß es unzweifelhaft eine richtige und normale Schrapnellwirkung übte, lieferte es keinerlei Gase oder Dämpfe, sondern erzeugte lediglich einen Staub, dessen Wirkung in elementarer Verdeutlichung etwa mit der aufs feinste verteilten Schnupftabaks zu vergleichen ist. Solcher Schnupftabak ist bekanntlich von alters her ein Mittel gewesen, um bei Überfällen Menschen vorübergehend widerstandsunfähig zu machen. Die Absicht, dergleichen Stoffe zu verbieten, aber hat den Urhebern der Haager Konvention, soweit ich verstehen kann, nicht vorgeschwebt.

An die versuchsweise Herstellung dieses Schrapnells Ni schließt sich auf deutscher Seite die Ausbildung der 15-cm-Granate 12 T, welche gekennzeichnet ist durch Füllung mit einem Gaskampfstoff, ω-Xylylbromid, der dem französischen Bromessigester in seiner Reizwirkung außerordentlich ähnlich ist, in seiner Giftigkeit aber hinter ihm zurückbleibt. Die Granate ist aber unterschieden von der französischen Gewehrgranate durch einen bedeutenden Inhalt an Sprengstoff (1,5 kg Trinitrotoluol), welcher ihr neben der Gaswirkung eine ansehnliche Splitterwirkung verleiht. Dieses Geschoß wird bei uns in den Endmonaten des Jahres 1914 ausgebildet und im Januar 1915 bei Lodz und später bei Bolimow auf der russischen Front verschossen. Es ergibt sich dabei eine unbefriedigende Wirkung, als deren Ursache ein zufälliges Moment, nämlich die große Kälte, erkannt wird. Man wird sich klar, daß der verwendete Gaskampfstoff bei sehr niedriger Temperatur die zur Wirkung erforderliche Gasform nicht annimmt, sondern sich harmlos auf dem Schnee der russischen Erde zerstreut. Es wird deshalb eine kleine Veränderung vorgenommen, indem für den Wintergebrauch ein leichter flüchtiger Zusatz völlig ähnlichen Charakters zu dem Gaskampfstoff gegeben wird. Das Geschoß kommt dann gleichzeitig mit den Gaswolken am 22. April 1915 vor Ypern zur Verwendung. Die Absicht seiner Gaskampfstofffüllung war nicht, den Gegner zu vergiften, sondern ihn aus der Deckung in das Feuerbereich zu jagen. Es darf angenommen werden, daß die französischen Gaskampfstoffe in der gleichen Absicht zur Verwendung kamen.

Dies die Geschichte der Entwicklung bis zum Ereignis von Ypern.

Zusammengefaßt ergibt sich folgendes Bild. Das französische Heer ist schon vor dem Kriege mit einer Pioniergaswaffe versehen. Das deutsche Heer ist auf den Gaskampf in keiner Weise vorbereitet. Die französischen Gaswaffen kommen nachweislich im März 1915 zur Verwendung. Sie üben nach ihrer Konstruktion reine Gaswirkung ohne begleitende Splitter- oder Schrapnellwirkung. Die deutschen Versuche mit chemischen Gaskampfmitteln beginnen in der Heimat im Oktober 1914 und führen noch im gleichen Monat zu einer Versuchsverwendung des Schrapnells Ni an der Front, das eine volle Schrapnellwirkung übt und daneben ein Niespulver ausstreut. Dieses Geschoß wird alsbald wieder aufgegeben und die 15-cm-Granate 12 T ausgebildet, die erhebliche Sprengladung neben dem Gaskampfstoff enthält. Sie entfaltet erhebliche Splitterwirkung neben der Gaswirkung und kommt zuerst im Januar 1915 auf der russischen Front zur Verwendung. Die deutschen und die französischen Gaskampfstoffe sind einander sehr ähnlich. Beide sind giftig; der französische Bromessigester deutlich mehr als das deutsche ω-Xylylbromid. Sie liefern Gase, die im Übermaße eingeatmet, tödlich wirken. Bei beiden steht aber die Reizwirkung im Vordergrunde des militärischen Interesses.

Das Ereignis von Ypern, das die Entwicklungsperiode von der eigentlichen Gaskriegszeit trennt, bedeutet die Erneuerung einer uralten militärischen Technik mit modernen Hilfsmitteln. Im Peloponnesischen Krieg haben Rauch und schweflige Säure bei Platää und Belium gegen die feindlichen Befestigungen die Rolle gespielt, die das Chlorgas vor Langemark auf dem Schlachtfelde von Ypern erneuert hat. Das griechische Feuer hat im Mittelalter neben der Brandwirkung den Zweck, durch die entwickelte schweflige Säure den Feind auszuräuchern. Die Entwicklung der chemischen Industrie hat die wirksame Erneuerung dieser Kriegstechnik nahegelegt. Nach einer geschichtlichen Regel, die bei allen neuen wirksamen Kampfmitteln sich bestätigt, ist die physische Wirkung der Chlorwolke gründlich übertrieben worden. Ich stände nicht hier, wenn sie jeden tötete, den sie erfaßt und außer Gefecht setzt. Denn ich bin selbst bei einem großen Geländeversuch durch Unvorsichtigkeit ohne jedes Schutzmittel in eine solche Wolke geraten, aus der ich mich nicht herausfand, und mit schweren, aber in einigen Tagen völlig vorübergehenden Erscheinungen davongekommen. Nur in der unmittelbaren Nähe der Entstehungsstelle ist die Gaswolke schlechterdings verderblich. Dieser Sachverhalt erklärt die Verluste, die wir selbst bei wiederholter Anwendung erlitten haben, wenn durch einen Fehler des Meteorologen das Abblasen der Wolke in einem ungeeigneten Augenblicke befohlen wurde und der Wind das entstehende Gas in den eigenen Graben zurückdrückte. Er kennzeichnet zugleich die Hinfälligkeit der Behauptungen, die von einer vernichtenden Wirkung auf die Zivilbevölkerung in viele Kilometer weiter Entfernung von der Entstehungsstelle jenseits der Reichweite der Brisanzgeschosse reden.

Was nun die Periode nach dem Ereignisse von Ypern anlangt, so muß man zum Verständnis der Dinge die Einführung des Gasschutzes und dessen ständige Verbesserung ins Auge fassen. War es dem ungeschützten Gegner gegenüber militärisch ausreichend und zweckmäßig, Stoffe zu verwenden, die in den geringsten harmlosen Spuren eine heftige Reizwirkung übten und den Feind aus seiner geschützten Stellung in das Bereich der Artilleriewirkung verjagten, so lag die Sache nach Einführung brauchbarer Masken vollständig anders. Das erste Auftreten eines Reizes gab nunmehr Anlaß zur Anlegung des Gasschutzgerätes. Die Auswahl des Kampfstoffes mußte darum so getroffen werden, daß er entweder durch die Maske hindurchging oder in seiner Reizwirkung unaufdringlich war, so daß die Maske erst verspätet angelegt wurde. Die zweite Möglichkeit war leichter als die erste zu verwirklichen. Deswegen wurden die Stoffe mit vordringlicher Reizwirkung mehr und mehr verlassen. Die natürliche

Folge war, daß die Giftwirkung in den Vordergrund trat. Waffentechnisch nahm die Entwicklung einen Gang, bei dem die Artillerie mit ihren Gasgeschossen immer mehr zur Hauptgaswaffe wurde. Auf dem Gebiete der Nahkampfwaffen traten die abgeblasenen Gaswolken allmählich zurück. An ihrer Stelle entwickelte sich die Gaswerfertechnik, mit der England zuerst auf dem Schlachtfelde erschien. Sie benutzte in dem Gaswerfer ein eigentümliches Gerät, das nur einen einzigen Schuß mit Gasfüllung abgab. Da aber Tausende von solchen Gaswerfern an einer Stelle vereinigt und gleichzeitig durch einen elektrischen Funken betätigt wurden, so entstand auf dem engen Zielfeld, auf das alle diese Geschosse niederfielen, eine Gashäufung von großer Wirksamkeit. Im Gegensatz zu den Gaswerfern haben die von Minenwerfern geschleuderten Gasminen im Kriege nur untergeordnete Bedeutung besessen.

Eine entscheidende Wendung im artilleristischen Gaskampf bedeutete das Auftreten der französischen Phosgengeschosse ohne Sprengladung im Frühjahr 1916, denen die sehr ähnlichen deutschen Grünkreuzgeschosse nachfolgten. Das Phosgen hat unter den Gaskampfstoffen die größte Giftigkeit und verbindet damit eine relativ kleine Reizwirkung. Mit diesen französischen Geschossen und den im Anschluß daran verwendeten deutschen Grünkreuzgeschossen beginnt die Kriegsperiode, in welcher die Artillerie auf beiden Seiten Geschosse ohne Splitterwirkung benutzt, die den alleinigen Zweck haben, tödliche Gase zu verbreiten. Die Absicht ist jetzt nicht mehr, den Gegner aus der Stellung zu jagen, sondern ihn durch die Gasfüllung des Geschosses zu vernichten. Wir sind später von diesen Geschossen ohne Splitterwirkung wieder abgegangen und haben wieder Granaten verwendet, die Gaswirkung und Sprengwirkung vereinigen. Diese Rückkehr zu einer früheren Einrichtung der Gasgranate hatte nichts mit den rechtlichen

Auffassungen zu tun, sondern erfolgte lediglich aus technischen Gründen.

Sie kennzeichnet das Verfehlte der Haager Bestimmung, die einen technischen Nebenpunkt, nämlich die vorhandene oder fehlende Splitterwirkung der Gasgranate, zum Merkmal ihrer Zulässigkeit oder Unzulässigkeit macht.

Zur Vermeidung von Mißverständnissen bei der völkerrechtlichen Behandlung darf noch erwähnt werden, daß diese Phosgen- und Grünkreuzgeschosse nicht die ersten sprengladungsfreien Projektile mit Gasfüllung gewesen sind. Die ersten Projektile waren vielmehr auf französischer Seite die schon besprochenen 26-mm-Gewehrgranaten mit Bromessigesterfüllung, auf deutscher Seite aber die einige Zeit danach im Jahre 1915 zur Verwendung gekommenen Gasminen, die durch die Zündladung beim Auftreffen aufgerissen wurden.

Die Darstellung bliebe unvollkommen ohne einen Hinweis darauf, daß uns der Gegner allen Anlaß gegeben hat, an die Bereitstellung oder Verwendung von Gaswaffen bei seinen Truppen zu glauben, ehe wir selbst irgendwelche Vorbereitungen für einen chemischen Krieg begonnen hatten. Die Zeitungen unserer Kriegsgegner aus dem Anfang des Krieges sind erfüllt von Schilderungen neuer schrecklicher Kriegswaffen, die ohne blutige Verletzung töten. Als Erfinder wird der französische Chemiker Turpin genannt. Wir wissen heute, daß Turpin in der Tat dem französischen Kriegsministerium solche Kampfmittel sofort bei Kriegsbeginn angeboten hat und daß das französische Kriegsministerium in eine Prüfung derselben eingetreten ist. Diese Prüfung hat die Wertlosigkeit der Vorschläge ergeben, aber zugleich das Interesse der zuständigen Stelle an diesen Waffen gleich beim Beginn des Krieges bewiesen, während ähnliche Vorschläge, die an das Preußische Kriegsministerium herantraten, damals ohne weitere Beachtung blieben.

Was aber das innere Verhältnis der Menschen zu den Gaswaffen anlangt, so ist nichts bemerkenswerter, als daß die feindliche Presse die angeblichen Erfindungen Turpins ohne Tadel aufnimmt, während gegen die deutschen Gaswaffen bei ihrem ersten erfolgreichen Auftreten die stärkste moralische Entrüstung und völkerrechtliche Verurteilung losbricht.